L'equilibrio dinamico tra Entropia e Sintropia

Ulisse Di Corpo e Antonella Vannini

www.sintropia.it

Copyright © 2014 Ulisse Di Corpo and Antonella Vannini

ISBN: 9781086100525

INDICE

Entropia e Sintropia	1
Micro e Macro	7
Termodinamica	11
La Vita	15
Bisogni Vitali	49
Mente e Coscienza	67
Complementarietà	85
Sintropia ed Entropia in fisica	91
Epilogo	123

ENTROPIA E SINTROPIA

L'energia esiste in molte forme: calore, nucleare, chimica, elettromagnetica, massa. Tuttavia, la scienza moderna non sa ancora cosa sia l'energia. Richard Feynman scrive:

> "*È importante rendersi conto che in fisica non sappiamo cosa sia l'energia ... Esiste un fatto, o se si desidera, una legge che governa tutti i fenomeni naturali che sono noti fino ad oggi. Non c'è eccezione nota a questa legge - è esatta per quanto ne sappiamo. La legge è chiamata conservazione dell'energia. Afferma che esiste una certa quantità, che chiamiamo energia, che non cambia nelle molteplici trasformazioni che la natura subisce. Questo è un concetto astratto, un principio matematico; che afferma che c'è una quantità numerica che non cambia quando succede qualcosa. Non è una descrizione di un meccanismo o qualcosa di concreto, è solo un fatto strano. Possiamo calcolare una quantità e quando finiamo di guardare le trasformazioni della natura e calcoliamo di nuovo questa quantità, il risultato è lo stesso...*"[1]

La relazione energia-massa $E = mc^2$ fu pubblicata nel 1890 da Oliver Heaviside[2] nel terzo volume della sua *Teoria Elettromagnetica*, nel 1900 da Henri Poincaré[3], nel 1903 da Olinto De Pretto nel giornale scientifico "*Atte*" e registrata presso il "*Regio Istituto di Scienze*"[4].

Tuttavia, l'equazione sviluppata dai predecessori di Einstein portava ad una serie di problemi quando si cambiava sistema di riferimento. Infatti, la quantità di moto, che è anch'essa una forma di energia, non era presente nell'equazione. Einstein formulò l'equazione in modo coerente per tutti i sistemi di riferimento. Lo fece nel 1905 con la sua

---

[1] Feynman R.P., et al. (2006),*The Feynman Lectures on Physics*, http://www.feynmanlectures.caltech.edu/ , 4-1.
[2] Auffray J.P., *Dual origin of E=mc²*, arxiv.org/pdf/physics/0608289.pdf
[3] Poincaré H,. Arch. néerland. sci. 2, 5, 252-278 (1900).
[4] De Pretto O., Lettere ed Arti, LXIII, II, 439-500 (1904), Reale Istituto Veneto di Scienze.

Relatività Speciale che aggiungeva la quantità di moto (*p*):

$$E^2 = m^2c^4 + p^2c^2$$

dove **E** *è l'energia,* **m** *la massa,* **p** *la quantità di moto e* **c** *la costante della velocità della luce*

Questa equazione è nota come energia-momento-massa. Tuttavia, poiché è al quadrato, ha due soluzioni: una energia a tempo positivo e una a tempo negativo. La soluzione a tempo positivo descrive energia che diverge da una causa, ad esempio la luce che diverge da una lampadina o il calore che si diffonde da un radiatore. La soluzione a tempo-negativo descrive, invece, energia che diverge a ritroso nel tempo da una causa futura. Immaginate una luce diffusa che si concentra in una lampadina, questo, ovviamente, venne ritenuto impossibile in quanto implica retrocausalità, cioè un effetto che si verifica prima della sua causa.

Einstein risolse questo problema assumendo che la quantità di moto (*p*) è uguale a zero in quanto la velocità dei corpi fisici è praticamente nulla rispetto alla velocità della luce. Così la energia-momento-massa si semplificava nell'ormai famosa $E=mc^2$ che ha sempre soluzione a tempo positivo.

Ma nel 1924 Wolfgang Pauli scoprì che gli elettroni hanno una rotazione prossima alla velocità della luce e che nella meccanica quantistica il momento (*p*) non può essere considerato uguale a zero. Poco dopo i fisici Oskar Klein e Walter Gordon formularono l'equazione oggi nota come Klein-Gordon. Per descrivere le particelle quantistiche in accordo con la relatività utilizzarono l'equazione energia-momento-massa. Si hanno così due soluzioni: onde che si propagano in avanti nel tempo (onde ritardate) e onde che si propagano a ritroso nel tempo (onde anticipate).

La soluzione a ritroso nel tempo venne considerata inaccettabile e fu respinta. Werner Heisenberg scrisse a Wolfgang Pauli: *"Considero la soluzione a ritroso nel tempo ... spazzatura che nessuno può prendere sul serio"*[5]. Nel 1926 Erwin Schrödinger rimosse l'equazione di Einstein

---

[5] Heisenberg W. (1928), *Letters to W. Pauli*, PC, May 3, 1928, 1: 443.

dall'equazione di Klein-Gordon, trattando così il tempo nel modo classico che scorre unicamente in avanti.

Mentre l'equazione di Klein-Gordon spiega bene la duplice natura onda/particella della materia, come manifestazione della duplice causalità (in avanti e a ritroso nel tempo), l'equazione di Schrödinger non è in grado di spiegare questa duplice natura. Di conseguenza, nel 1927 Niels Bohr e Werner Heisenberg si incontrarono a Copenaghen dove formularono un'interpretazione della meccanica quantistica in cui la materia si propaga come onde che poi collassano in particelle quando vengono osservate. Questa interpretazione, in cui l'atto di osservazione crea la realtà, implica l'idea che gli uomini siano dotati di poteri di creazione simili a quelli di Dio e che la coscienza preceda la formazione della realtà. Quando Schrödinger scoprì come Heisenberg e Bohr avevano usato la sua equazione, con implicazioni ideologiche e politiche, commentò: *"Non mi piace, e mi dispiace averci avuto a che fare"*.

Nel 1928 Paul Dirac usò l'equazione energia-momento-massa per descrivere gli elettroni relativistici. Si trovò così avanti ad una duplice soluzione: elettroni (e^-) e neg-elettroni (e^+, l'anti-particella dell'elettrone che si propaga a ritroso nel tempo). La reazione di Heisenberg fu di sdegno. Considerava la soluzione a ritroso nel tempo un abominio e nel 1934 sostituì le parti dell'equazione che si riferiscono all'energia a ritroso nel tempo, con un operatore che crea un numero illimitato di coppie virtuali di elettroni-positroni, senza alcun input di energia.

Nel 1934 Heisenberg scelse questa via di fuga e, da allora, i fisici ignorarono le soluzioni a tempo negativo delle due equazioni più usate e rispettate nella fisica moderna: l'equazione energia-momento-massa della relatività speciale e l'equazione dell'elettrone di Dirac.

Nel 1941, il matematico Luigi Fantappiè si rese conto che la soluzione a tempo positivo descrive energia e materia che divergono e tendono verso distribuzioni omogenee e casuali (onde ritardate). Ad esempio, quando il calore si irradia da una stufa, tende a diffondersi omogeneamente nell'ambiente; questa è la legge dell'entropia, che è anche nota come legge della morte termica.

Fantappiè mostrò che la soluzione a tempo positivo è governata dalla legge dell'entropia, mentre la soluzione a tempo negativo (cioè le onde anticipate) è governata da una legge simmetrica che Fantappiè chiamò sintropia (combinando le parole greche *syn* che significa convergere e *tropos* che significa tendenza).

La soluzione a tempo positivo descrive energia che diverge da una causa e richiede che le cause siano nel passato; la soluzione a tempo negativo descrive energia che converge verso cause future (cioè attrattori).

Le proprietà matematiche della sintropia sono: concentrazione di energia, aumento delle temperature, della differenziazione e della complessità, riduzione dell'entropia, formazione di strutture e aumento dell'ordine. Queste sono anche le principali proprietà che i biologi osservano nei sistemi viventi e che non possono essere spiegate nel modo classico (in avanti nel tempo). Ciò portò Fantappiè a formulare "*La teoria unitaria del mondo fisico e biologico*", pubblicata nel 1942, in cui suggeriva che viviamo in un universo supercausale, governato da causalità e retrocausalità, e che la vita è causata dal futuro.[6,7]

L'equazione energia-momento-massa mostra che l'energia totale è la somma dell'energia convergente (sintropia) e dell'energia divergente (entropia).

$$Energia\ Totale = Energia\ Entropica + Energia\ Sintropica$$

Poiché la prima legge della termodinamica (legge di conservazione dell'energia) dice che l'energia è una quantità che non può essere creata

---

[6] Luigi Fantappiè (1901-1956) è considerato uno dei maggiori matematici del secolo scorso. Si è laureato all'età di 21 anni presso la più esclusiva università italiana, "La Normale Di Pisa", con una tesi di matematica pura e divenne professore ordinario all'età di 27 anni. Durante gli anni universitari è stato compagno di stanza di Enrico Fermi. Ha lavorato con Heisenberg, scambiato corrispondenza con Feynman e nell'aprile del 1950 è stato invitato da Oppenheimer a diventare membro dell'esclusivo *Institute for Advanced Study di Princeton* e lavorare con Einstein.

[7] Fantappiè L. (1942), *Sull'interpretazione dei potenziali anticipati della meccanica ondulatoria e su un principio di finalità che ne discende*, Rend. Acc. D'Italia, 1942, 4(7).

o distrutta, ma solo trasformata, possiamo trattare l'energia come una costante e sostituirla con il numero 1.

L'equazione cambia in:

$$1 = Sintropia + Entropia$$

Questa relazione mostra che l'entropia e la sintropia sono aspetti complementari della stessa unità:

$$Sintropia = 1 - Entropia$$
$$Entropia = 1 - Sintropia$$

In "*Sintropia: definizione e uso*" Mario Ludovico[8] scrive:

> "*Ritengo impossibile cogliere il concetto di sintropia senza aver assimilato il concetto di entropia, poiché non solo i due concetti sono in stretta connessione reciproca, ma entropia e sintropia sono concetti complementari. In altre parole, dove è possibile misurare un livello di entropia, è possibile misurare un livello complementare di sintropia.*"

Inoltre, dal momento che non possiamo vedere il futuro, la causalità sintropica è invisibile mentre la causalità entropica è visibile. Pertanto l'equazione precedente può essere scritta come:

$$Visibile = 1 - Invisibile$$

In merito Gandhi diceva:

> "*C'è una forza indefinibile e misteriosa che pervade ogni cosa. La sento, anche se non la vedo. Questa forza invisibile si fa sentire e tuttavia sfida qualsiasi dimostrazione, perché è così diversa da tutto ciò che percepisco con i sensi. Trascende i sensi. (...) Per vedere questa forza invisibile dobbiamo*

---

[8] Ludovico M. (2008), *Sintropia: Definizione ed Uso*, Syntropy Journal, 1: 37-108: http://www.sintropia.it/journal/italiano/2008-it-1-2.pdf

essere in grado di amare la creatura più misera come noi stessi. Colui che aspira a questa forza universale, non può stare lontano da qualsiasi aspetto della vita. (...) gli strumenti sono tanto semplici quanto difficili. Potrebbe sembrare impossibile per una persona arrogante e perfettamente possibile per un bambino innocente. Chi cerca questa forza invisibile dovrebbe essere più umile della polvere. (...) Nessuno la troverà se non ha un grande senso di umiltà."[9]

Sperimentiamo continuamente forze ed entità che non possiamo osservare ma che esistono oggettivamente, indipendentemente da ogni percezione umana. Una tale forza è la gravità.

Supponiamo di tenere una matita tra il pollice e l'indice e poi di rilasciarla. Osserviamo che cade sul pavimento e diciamo che la forza di gravità la fa cadere.

Ma abbiamo effettivamente visto una forza agire verso il basso sulla matita, qualcosa che l'ha tirata o spinta? Chiaramente no.

Non vediamo la forza di gravità, ma deduciamo l'esistenza di una forza invisibile (chiamata gravità) che agisce su oggetti non supportati per spiegare il loro movimento verso il basso, altrimenti inspiegabile.

Secondo l'equazione energia-momento-massa metà delle forze che agiscono nell'universo sono entropiche (visibili e divergenti), mentre l'altra metà sono sintropiche (invisibili e convergenti) e nulla avviene senza il contributo di entrambe queste forze. Sperimentiamo costantemente effetti osservabili che hanno cause non osservabili, comportamenti che non possono essere spiegati in modo visibile e fenomeni nella realtà visibile che derivano dalla realtà invisibile.

---

[9] Gandhi MK (1968), *La voce della verità*: https://www.amazon.it/dp/8879832069.

MICRO E MACRO

Siamo abituati al fatto che le cause precedono sempre i loro effetti. Ma l'equazione energia-momento-massa prevede tre tipi di tempo:

- *Tempo causale*. Nei sistemi divergenti domina l'entropia, le cause precedono sempre i loro effetti e il tempo scorre in avanti, dal passato al futuro. Poiché prevale l'entropia, non sono possibili effetti a ritroso nel tempo, come onde luminose che si irradiano all'indietro nel tempo o segnali radio ricevuti prima di essere trasmessi.
- *Tempo retrocausale*. Nei sistemi convergenti, come è il caso dei buchi neri, prevale la retrocausalità, gli effetti precedono sempre le loro cause e il tempo scorre all'indietro, dal futuro al passato. In questi sistemi non sono possibili effetti in avanti nel tempo e questo è il motivo per cui non viene emessa luce dai buchi neri.
- *Tempo supercausale*, è atteso nei sistemi in cui le forze divergenti e quelle convergenti sono bilanciate. Un esempio è offerto dagli atomi e dalla meccanica quantistica. In questi sistemi la causalità e la retrocausalità coesistono e il tempo è unitario: passato, presente e futuro coesistono.

Questa classificazione del tempo ricorda l'antica divisione fatta dai greci in: Kronos, Kairos e Aion.

- *Kronos* descrive il tempo causale sequenziale, a noi familiare, fatto di momenti assoluti che fluiscono dal passato al futuro.
- *Kairos* descrive il tempo retrocausale. Secondo Pitagora il kairos è alla base delle intuizioni, della capacità di sentire il futuro e di scegliere le opzioni più vantaggiose.
- *Aion* descrive il tempo supercausale, in cui passato, presente e futuro coesistono. Il tempo della meccanica quantistica, del mondo subatomico.

Questa classificazione del tempo suggerisce che la sintropia e l'entropia coesistono a livello quantistico, cioè il livello Aion, e che a questo livello ha origine la vita. Ciò è oggi supportato dal fatto che il funzionamento dei sistemi viventi è ampiamente influenzato da eventi quantistici: la forza dei legami idrogeno, la trasmissione dei segnali elettrici nei microtubuli, l'azione del DNA, il ripiegamento delle proteine.

Sorge spontanea una domanda: in che modo le proprietà della vita ascendono dal livello quantistico della materia, l'Aion, al livello macroscopico, il Kronos, trasformando la materia inorganica in materia organica?

Nel 1925 il fisico Wolfgang Pauli scoprì nelle molecole d'acqua il legame idrogeno. Gli atomi di idrogeno condividono una posizione intermedia tra il subatomico (Aion) e il molecolare (Kronos) e forniscono un ponte che consente alle proprietà della sintropia di fluire dal livello quantistico a quello macro.

I legami idrogeno rendono l'acqua diversa da tutti gli altri liquidi, aumentando le sue forze attrattive (sintropia), che sono dieci volte più potenti delle forze di van der Waals che tengono insieme gli altri liquidi, con comportamenti che sono in realtà simmetrici a quelli delle altre molecole liquide.

Possiamo ipotizzare che la vita abbia origine nel livello quantistico, poiché a questo livello è disponibile la sintropia. Grazie all'acqua e al legame idrogeno la vita entra nel livello macroscopico che è governato dall'entropia e per combattere l'entropia la vita ha bisogno di acqua, per acquisire sintropia dal livello quantistico.

Alcune proprietà dell'acqua, che ricordano la sintropia, sono:[10]

- Quando l'acqua ghiaccia, si espande e diventa meno densa. Le molecole degli altri liquidi, quando si solidificano si concentrano, diventano più dense e pesanti e affondano. Con l'acqua si osserva esattamente il contrario.

---

[10] Ball P. (1999), *H$_2$O, una biografia dell'acqua*, www.amazon.it/dp/B00DDO1RK2

- Nei liquidi il processo di solidificazione inizia dal basso, poiché le molecole calde si muovono verso l'alto, mentre le molecole fredde verso il basso. La parte inferiore dei liquidi è quindi la prima che raggiunge la temperatura di solidificazione; per questo motivo i liquidi si solidificano partendo dal basso. Nel caso dell'acqua avviene esattamente il contrario: l'acqua solidifica a partire dall'alto.
- L'acqua mostra una capacità termica di gran lunga superiore a quella degli altri liquidi. L'acqua può assorbire grandi quantità di calore, che viene poi rilasciato lentamente. La quantità di calore necessaria per modificare la temperatura dell'acqua è di gran lunga maggiore a quella necessaria per gli altri liquidi.
- Quando l'acqua viene raffreddata e compressa diventa più fluida; negli altri liquidi, la viscosità aumenta con la pressione.
- L'attrito tra le superfici dei solidi è elevato, mentre con il ghiaccio l'attrito è basso e le superfici sono scivolose.
- A temperature prossime al congelamento, le superfici del ghiaccio aderiscono quando vengono a contatto. Questo meccanismo consente alla neve di compattarsi in palle di neve, mentre è impossibile produrre palle di farina, zucchero o altri materiali solidi, se non si usa acqua.
- Rispetto ad altri liquidi, per l'acqua la distanza tra la temperatura di fusione e quella di ebollizione è molto alta. Le molecole d'acqua hanno elevate proprietà coesive che aumentano la temperatura necessaria per portare l'acqua da liquida a gas.

L'acqua non è l'unica molecola con legami idrogeno. Anche l'ammoniaca e l'acido fluoridrico formano legami idrogeno e queste molecole mostrano proprietà anomale simili a quelle dell'acqua. Tuttavia, l'acqua produce un numero più elevato di legami idrogeno e ciò determina le elevate proprietà coesive dell'acqua che legano le molecole in labirinti estesi e dinamici.[11] Le altre molecole che formano

---

[11] Bennun A. (2013), *Hydration shell dynamics of proteins and ions couple with the dissipative potential of H-bonds within water*, Syntropy 2013 (2): 328-333.

legami idrogeno non sono in grado di costruire reti e strutture che si irradiano nello spazio. I legami idrogeno impongono vincoli strutturali estremamente insoliti per un liquido. Un esempio di questi vincoli è fornito dai cristalli di neve. Tuttavia, quando l'acqua congela i legami idrogeno smettono di funzionare e il flusso della sintropia dal micro al macro si ferma, portando la vita alla morte.

I legami idrogeno rendono l'acqua essenziale per la vita: l'acqua è in definitiva la linfa della vita che fornisce ai sistemi viventi sintropia. L'acqua è la molecola più importante per la vita ed è necessaria per l'origine e l'evoluzione di qualsiasi struttura biologica. Di conseguenza, se la vita dovesse mai essere scoperta al di fuori della Terra, l'acqua sarebbe sicuramente presente.[12]

---

[12] Vannini A. (2011) and Di Corpo U., *Extraterrestrial Life*, Syntropy and Water, Journal of Cosmology, journalofcosmology.com/Life101.html#18

TERMODINAMICA

Nel diciannovesimo secolo, lo studio e la descrizione del calore portò ad una nuova disciplina: la termodinamica. Questa disciplina può essere fatta risalire alle opere di Boyle, Boltzmann, Clausius e Carnot e studia il comportamento dell'energia, di cui il calore è una forma. Lo studio delle trasformazioni del calore in lavoro ha portato alla scoperta di tre leggi:

- *La legge di conservazione dell'energia*, che afferma che l'energia non può essere creata o distrutta, ma solo trasformata.
- *La legge dell'entropia*, che afferma che l'energia passa sempre da uno stato di disponibilità ad uno stato di non disponibilità. Quando l'energia si trasforma (ad esempio da calore a lavoro), una parte viene dispersa nell'ambiente. L'entropia è la misura della quantità di energia che viene dispersa nell'ambiente. Quando l'energia dispersa nell'ambiente è distribuita in modo uniforme, si raggiunge uno stato di equilibrio e non è più possibile trasformare l'energia in lavoro. L'entropia misura quanto si è vicini a questo stato di equilibrio.
- *La legge della morte termica*, che afferma che l'energia dissipata non può essere riutilizzata, e che l'entropia di un sistema isolato (che non può ricevere energia o informazioni dall'esterno) può solo aumentare fino a raggiungere uno stato di equilibrio, di morte termica.

L'entropia è di grande importanza in quanto introduce in fisica l'idea di processi irreversibili, in quanto l'energia va sempre da uno stato di disponibilità ad uno stato di non-disponibilità.

A questo proposito, l'eminente fisico Sir Arthur Eddington (1882-1944) affermò che "*l'entropia è la freccia del tempo*" nel senso che costringe gli eventi fisici a muoversi in una particolare direzione: dal passato al futuro.[13] La nostra esperienza ci informa continuamente sulle variazioni di entropia e sul processo irreversibile che porta alla dissipazione di energia e alla morte termica: vediamo i nostri amici invecchiare e morire; vediamo il fuoco perdere d'intensità e trasformarsi in ceneri fredde; vediamo il mondo aumentare l'entropia: l'inquinamento, la desertificazione, l'esaurimento delle riserve energetiche. Il termine irreversibilità implica la tendenza dall'ordine al disordine: se mescoliamo acqua calda e fredda otteniamo acqua tiepida, ma non vedremo mai i due liquidi separarsi spontaneamente.

Il termine "entropia" fu usato per la prima volta nella metà del XVIII secolo da Rudolf Clausius che stava cercando un'equazione matematica per descrivere l'aumento di entropia. L'entropia è una quantità usata per misurare il livello di evoluzione di un sistema fisico, ma misura anche il "disordine" di un sistema. L'entropia è sempre associata ad un livello di disordine crescente. Tuttavia, la vita sfida l'entropia Attraverso la crescita e la riproduzione diventa sempre più complessa, trasformando l'universo da atomi disordinati in molecole ordinate. I sistemi viventi evolvono verso l'ordine, verso forme più alte di organizzazione e possono tenersi lontano dalla morte termica.

Biologi e fisici hanno discusso questo paradosso. Schrödinger, rispondendo alla domanda su cosa permetta alla vita di contrastare l'entropia, ha scritto:

> *"Si nutre di entropia negativa. È evitando il rapido decadimento nello stato inerte di equilibrio che un organismo appare così enigmatico; tanto che, fin dai primi tempi del pensiero umano, una speciale forza non fisica o soprannaturale (vis viva, entelechia) era ritenuta operante nell'organismo, e in alcuni ambienti ciò è ancora ritenuto."*[14]

La stessa conclusione è stata raggiunta da Albert Szent-Györgyi.[15]

---

[13] Eddington A. (1935) *New Pathways in Science*. Cambridge Univ.
[14] Schrödinger E. (1944), *Che cos'è la vita?* www.amazon.it/dp/8845911241
[15] Albert Szent-Györgyi, Premio Nobel 1937 e scopritore di vitamina C.

> "*È impossibile spiegare le qualità dell'organizzazione e dell'ordine dei sistemi viventi a partire dalle leggi entropiche del macrocosmo. Questo è uno dei paradossi della biologia moderna: le proprietà dei sistemi viventi sono contrarie alla legge dell'entropia che governa il macrocosmo.*"[16]

Györgyi continua suggerendo l'esistenza di una legge simmetrica all'entropia:

> "*Una differenza tra amebe e umani è l'aumento della complessità e ciò richiede l'esistenza di un meccanismo in grado di contrastare la legge dell'entropia. In altre parole, deve esserci una forza in grado di contrastare la tendenza universale della materia verso il caos e l'energia verso la dissipazione. La vita mostra sempre una diminuzione dell'entropia e un aumento della complessità, in diretto conflitto con la legge dell'entropia.*"

Mentre l'entropia è una legge universale che porta alla dissoluzione di qualsiasi forma di organizzazione, la vita mostra l'esistenza di una legge contraria. Il problema principale, secondo Györgyi, è che:

> "*Vediamo una profonda differenza tra sistemi organici e inorganici ... come scienziato non posso credere che le leggi della fisica divengano invalide non appena entriamo nei sistemi viventi. La legge dell'entropia non governa i sistemi viventi.*"

Considerazioni analoghe sono state formulate dal paleontologo Teilhard de Chardin che ha sottolineato la necessità di una legge simmetrica all'entropia:

> "*Ridotto alla sua essenza, il problema della vita può essere espresso come segue: una volta ammesse le due leggi principali di conservazione dell'energia e dell'entropia (a cui la fisica è limitata), come possiamo aggiungere, senza contraddizioni, una terza legge universale (che è espressa dalla biologia) ...*

---

[16] Szent-Györgyi A. (1977), *Drive in Living Matter to Perfect Itself*, Synthesis 1, Vol. 1, No. 1, 14-26.

La situazione è chiarita quando consideriamo alla base della cosmologia l'esistenza di un secondo tipo di entropia (o anti-entropia)."[17]

L'equazione energia-momento-massa richiede la seguente riformulazione ed estensione alla termodinamica:

- *Principio di conservazione dell'energia*: l'energia non può essere creata o distrutta, ma solo trasformata.
- *Legge dell'entropia*: in un universo in espansione l'energia viene costantemente rilasciata nell'ambiente. L'entropia è la grandezza con cui si misura la quantità di energia che è stata rilasciata nell'ambiente.
    a) L'aumento dell'entropia è irreversibile.
    b) Il tempo fluisce in avanti.
    c) Il sistema tende verso uno stato di morte termica.
- *La legge della sintropia*: in un universo convergente l'energia viene costantemente assorbita dall'ambiente. La sintropia è la grandezza con cui si misura la concentrazione di energia.
    a) L'aumento di sintropia è irreversibile.
    b) Il tempo fluisce all'indietro.
    c) Il sistema tende verso l'aumento del potenziale termodinamico.
- *La legge della supercausalità*: in un sistema dove le forze divergenti e convergenti interagiscono:
    a) La complessità e la differenziazione aumentano.
    b) Il tempo è unitario.
    c) I processi possono essere reversibili.

---

[17] Teilhard de Chardin P., *Il fenomeno umano*, www.amazon.it/dp/8839919627

LA VITA

La prima domanda sulla vita, che ha sempre sconcertato scienziati e filosofi, è questa: come può la vita svilupparsi da molecole che non sono viventi? A questa domanda gli antichi greci rispondevano dicendo che la vita si genera spontaneamente dalla materia inorganica come risultato dell'azione della dea Gaia. Questa ipotesi fu riformulata dai latini come *generatio spontanea* e nella scienza contemporanea come abiogenesi. Alcune date importanti nel dibattito tra biogenesi e abiogenesi sono le seguenti:

- Nel 1668 il medico italiano Francesco Redi (1626-1697) dimostrò che i vermi non apparivano nella carne quando alle mosche veniva impedito di deporre uova. In questo modo fornì la prima prova contro l'ipotesi della generazione spontanea. Redi mostrò che, almeno nel caso degli organismi superiori, facilmente osservabili, l'ipotesi abiogenetica è falsa.
- L'idea della generazione spontanea di piccoli organismi ottenne supporto nel 1745 da John Needham (1713-1781) quando mostrò che se un brodo veniva bollito e poi posto in un contenitore sterile diventava torbido, sostenendo così la teoria abiogenetica.
- Nel 1768 Lazzaro Spallanzani (1729-1799) ripeté gli esperimenti di Needham, rimuovendo l'aria dal contenitore sterile. Spallanzani evitò così la contaminazione facendo bollire un brodo di carne in un contenitore sigillato. Il problema era che l'aria calda rischiava di frantumare il contenitore. Pertanto, rimosse l'aria dal contenitore e lo sigillò. Il brodo sterile non diventava più torbido a causa della crescita dei batteri. In questo modo diede forza alla teoria biogenetica.
- Solo alla metà del diciannovesimo secolo, quasi 100 anni dopo, il grande chimico francese Louis Pasteur mise a tacere il dibattito. Passando l'aria attraverso filtri di cotone, mostrò per la prima volta che l'aria è piena di microrganismi. Pasteur si rese conto che

se questi batteri sono presenti nell'aria, si depositano su qualsiasi materiale contaminandolo. L'Accademia delle Scienze francese decise di assegnare un premio a chiunque fosse stato in grado di fornire una risposta sperimentale convincente e accurata alla domanda. Pasteur entrò nella competizione con esperimenti simili a quelli eseguiti da Spallanzani, usando il calore per uccidere i microbi. In una semplice ma geniale modifica, riscaldò il collo di una provetta utilizzata negli esperimenti fino al punto di fusione formando una lunga curva ad S, impedendo così alle particelle di polvere e al loro carico di microbi di raggiungere il contenuto della provetta. Dopo un'incubazione prolungata le provette erano ancora senza vita e questo pose fine al dibattito. I risultati furono pubblicati nel 1862. Pasteur spiegò gli errori e gli artefatti dei concorrenti e riassunse la sua scoperta con la celebre frase latina: *Omnevivum ex vivo*, che indica che la vita può essere generata solo dalla vita. Questi risultati limitarono l'ipotesi abiogenetica a condizioni speciali che avrebbero caratterizzato le prime fasi del nostro pianeta.

- Nel 1924 Alexander Oparin (1894-1980) pubblicò in russo un'opera intitolata *Le origini della vita*[18] in cui descriveva i risultati ottenuti con i colloidi suggerendo che la capacità dei colloidi di legare le sostanze alla superficie indica un inizio di metabolismo. Il suo libro termina con la frase: *"Il lavoro è già in una fase molto avanzata, e presto le ultime barriere tra organico e inorganico cadranno sotto l'attacco di un paziente lavoro e potenti teorie scientifiche."* La versione inglese del libro di Oparin fu pubblicata nel 1938 ed ebbe un grande impatto sui ricercatori e sull'opinione pubblica.

- Nel 1952 Harold Urey (1893-1981) coniò il termine cosmochimica, o cosmologia chimica, per indicare l'origine e lo sviluppo delle sostanze dell'universo. I punti principali sono gli elementi e i loro isotopi, principalmente all'interno del sistema solare. Campi strettamente correlati sono l'astrochimica, una branca dell'astronomia che si occupa della misurazione di elementi

---

[18] Oparin A., *L'origini della vita sulla Terra*, www.amazon.it/dp/B00B4HD0VY

chimici in altre parti della nostra galassia e in altre galassie. La cosmo-chimica si è concentrata sullo studio degli elementi chimici sulla Terra e sui pianeti durante la loro evoluzione. Nel 1952, nel libro *The Planets: Their Origin and Development*[19], Urey suggerì che la composizione della Terra primordiale fosse simile a quella del cosmo: il 90% di atomi di idrogeno, il 9% di atomi di elio, l'1% di atomi di altri elementi. Da questo presupposto dedusse che la composizione dell'atmosfera primordiale doveva essere fatta di metano (CH_4), ammoniaca (NH_3), nitrogeno (N_2), acqua (H_2O) e idrogeno (H_2).

- Nel 1953, uno studente di Urey, Stanley Miller (1930-2007), pubblicò l'articolo *A Production of Amino Acids Under Possible Primitive Earth Conditions*.[20] Miller dimostrò che in un'atmosfera primordiale e in presenza di acqua, l'azione delle scariche elettriche (che simulando l'azione del lampo) portano a generare amminoacidi, cioè i mattoni fondamentali delle proteine. Nei suoi esperimenti, che utilizzavano attrezzature sterili, Miller inserì gas come il metano (CH_4), l'ammoniaca (NH_3) e l'acqua (H_2O). Il sistema consisteva in acqua, gas e due elettrodi. L'esperimento era diviso in cicli in cui l'acqua veniva riscaldata per indurre la formazione di vapore acqueo, gli elettrodi venivano utilizzati per produrre scosse elettriche simili ai fulmini e il tutto veniva quindi raffreddato per consentire all'acqua di condensare. Quindi, iniziava un nuovo ciclo. Dopo circa una settimana di cicli ininterrotti, dove le condizioni erano mantenute costanti, Miller notò che circa il 15% del carbonio aveva formato composti organici, inclusi alcuni amminoacidi. L'idea era che questa sintesi di aminoacidi avrebbe fornito i mattoni per le proteine. Gli esperimenti di Miller producevano una miscela acquosa contenente vari prodotti che furono isolati utilizzando un

---

[19] Urey H. (1952), *The Planets: Their Origin and Development*. Yale Univ. Press, 1952.
[20] Miller S.L. (1953), *A Production of Amino Acids Under Possible Primitive Earth Conditions*, Science, May 15, 1953.

processo di estrazione. Questi prodotti contenevano amminoacidi, compresi alcuni di quelli che si trovano nei sistemi viventi. La miscela acquosa venne chiamata da Miller brodo primordiale. Miller diede un impulso decisivo alla ricerca sperimentale delle origini abiotiche della vita.

La seconda domanda sulla vita è la seguente: *in che modo le molecole essenziali per la vita si formano dagli amminoacidi?* Gli aminoacidi sono i mattoni della vita, ma non sono forme viventi. Gli esperimenti di Miller hanno dato origine a una serie di altri esperimenti, che sono tuttora in corso nel tentativo di dimostrare la fattibilità della costruzione di molecole organiche dagli aminoacidi. Questi esperimenti mirano a tentare di descrivere come le proteine possano formarsi spontaneamente a partire dagli amminoacidi. I risultati sono stati molto problematici, per diversi motivi:

- Le proteine coinvolte nel metabolismo delle cellule sono composte da catene che comprendono più di 90 amminoacidi. I calcoli combinatori mostrano che oltre 10^{600} (uno seguito da 600 zero) permutazioni sono necessarie per combinare gli aminoacidi casualmente in una proteina "spontanea" di 90 amminoacidi. Elsasser[21], in un lavoro pubblicato su American Scientist, mostra che nei 13-15 miliardi di anni del nostro universo un massimo di 10^{106} eventi elementari (al livello dei nanosecondi) hanno avuto luogo. Di conseguenza, qualsiasi evento che richieda un valore combinatorio superiore a 10^{106} non può applicarsi al nostro universo. Il numero 10^{600} è maggiore a tutte le combinazioni possibili nell'arco della storia dell'universo, dal momento del Big Bang. La possibilità della formazione spontanea di una sola proteina è perciò nulla. I risultati di Elsasser mostrano che "*la nozione di caso in biologia è priva di fondamento logico*" e che "*l'uso del caso per spiegare la vita è metaforico nella migliore delle ipotesi, ed esiste il pericolo*

---

[21] Elsasser W.M., *A causal phenomena in physics and biology: A case for reconstruction*. American Scientist 1969, 57: 502-16.

che possa deviare l'attenzione nella direzione sbagliata."
- Il brodo primordiale di Miller era costituito per lo più di acqua, ma l'acqua è un solvente che porta alla decomposizione delle macromolecole e impedisce la formazione delle catene degli amminoacidi in proteine. Nel 2004, Luke Leman e collaboratori dello Scripps Research Institute e Leslie Orgel del Salk Institute for Biological Studies[22], ottennero peptidi (catene corte di amminoacidi) utilizzando soluzioni di amminoacidi, solfuro di carbonio (gas vulcanico) e catalizzatori a base di solfuri metallici. Ma usando questo processo non è chiaro da dove provenissero gli amminoacidi, dal momento che richiedono un ambiente completamente diverso.
- Un'altra proposta è che gli aminoacidi, che si formano nell'acqua, vengano concentrati nelle lagune che periodicamente si seccano e si condensano sotto l'influenza del calore e ciò crea i legami chimici responsabili dell'unione degli aminoacidi (legame peptidico).
- I processi di sintesi hanno permesso di produrre 13 dei 20 amminoacidi coinvolti nella costruzione delle proteine. Oltre a questi, vengono generati migliaia di altri aminoacidi, che non sono presenti negli organismi viventi.
- Se fosse possibile selezionare e combinare solo gli amminoacidi presenti nei sistemi viventi le combinazioni risulterebbero tridimensionali e non lineari. Le combinazioni tridimensionali (note come proteinoidi) non sono appropriate al metabolismo delle cellule perché non possono essere codificate dal codice genetico lineare. I proteinoidi non hanno quindi alcun valore nella formazione e nello sviluppo della vita.
- La vita, così come la conosciamo, dipende totalmente dagli aminoacidi levogiri mentre la sintesi degli aminoacidi porta alla formazione di un numero uguale di catene destrogire e levogire.

---

[22] Leman L. (2004), Orgel L and Ghadiri MR, *Carbonyl Sulfide-Mediated Prebiotic Formation of Peptides*, Science 8 October 2004: 306 (5694), 283-286, DOI: 10.1126/science.1102722

La produzione di proteine nei laboratori è quindi inadatta alla formazione degli organismi viventi.
- I processi di sintesi per la costruzione di catene proteiche portano alla formazione di molecole monofunzionali che bloccano le estremità delle catene, rendendole inaccessibili per ulteriori estensioni. La presenza di molecole monofunzionali è quindi un impedimento allo sviluppo delle proteine.
- In tutti gli approcci sperimentali, oltre all'aminoacido desiderato, si formano un gran numero di altre sostanze che impediscono i passaggi successivi.

La terza domanda sulla vita è: *cosa differenzia l'organico dall'inorganico?* Gli esperimenti di Miller costituiscono un importante primo passo verso la sintesi delle molecole che sono necessarie per la vita, ma hanno anche portato a un'impasse.

La produzione di proteine sintetiche richiede complesse procedure di isolamento e purificazione che non si verificano in natura e si basano su presupposti, modelli e progetti che derivano dallo studio dei sistemi viventi. Questi modelli coinvolgono ipotesi teoriche, sulla relazione tra materia inanimata e vivente, che sono dedotte dalle caratteristiche degli organismi, come l'assunzione di sostanze e di energia dall'ambiente, il metabolismo, la riproduzione, la crescita, la mobilità, le reazioni agli stimoli, l'elaborazione di informazioni.

Tutte queste caratteristiche consentono di descrivere diversi aspetti della vita. Ad esempio, le strutture molecolari e le caratteristiche fisiche degli organismi e dei processi biochimici, ma si tratta solo di alcuni aspetti delle manifestazioni della vita. Lo stesso accade in esobiologia (ricerca della vita al di fuori della Terra), secondo cui la vita sarebbe un sistema chimico capace di evolversi e riprodursi.

Lo sviluppo di modelli che descrivono la transizione tra materia inanimata e vita è legato alla definizione della vita che viene utilizzata nei modelli teorici. La vasta e affascinante conoscenza sviluppata studiando i dettagli e le reciproche interazioni di molecole e macromolecole, coinvolte nella creazione degli organismi viventi (proteine, DNA), non ha ancora risolto il mistero della vita.

Conosciamo la vita in relazione ai componenti materiali, ma sappiamo anche che le macromolecole del DNA possono svolgere le loro funzioni solo all'interno della complessa struttura di una cellula. Questo contesto è un prerequisito per la vita e richiede un approccio che tiene conto della complessità, dal momento che la proteina isolata dal contesto non ha alcuna possibilità di successo.

Manca ancora una definizione non ambigua della vita.

- Tassonomia

Catalogare e classificare gli organismi viventi è uno dei più antichi e principali obiettivi della biologia e viene definito "tassonomia". Il termine deriva dalla parola greca taxis (ordinare) e nomos (regola). In biologia, un taxon (il plurale è taxa) è un'unità tassonomica, un gruppo di organismi morfologicamente distinguibili e/o geneticamente riconoscibili dagli altri come unità con una posizione precisa all'interno della gerarchia della classificazione tassonomica.

Carlo Linneo (1707-1778), padre della tassonomia, basava le classificazioni principalmente sulle caratteristiche esteriori degli esseri viventi e questa procedura viene talvolta definita tassonomia linnea. Solo in seguito la tassonomia fu estesa all'anatomia, vale a dire allo scheletro e alle parti molli, e le informazioni molecolari e genetiche. La tassonomia morfologica tenta di classificare gli esseri viventi secondo le loro somiglianze, usando descrizioni neutre e oggettive.

La tassonomia è una scienza empirica che ordina in base a categorie quali: regno, phylum, classe, famiglia, genere, specie. In zoologia, la nomenclatura dei ranghi è strettamente regolata dal Codice ICZN (Commissione internazionale di nomenclatura zoologica), mentre la tassonomia stessa non è mai regolata, ma è sempre il risultato di ricerche nella comunità scientifica. Il modo in cui i ricercatori arrivano ai loro taxa varia in base ai dati disponibili e ai metodi che possono variare da semplici confronti quantitativi o qualitativi fino ad analisi computerizzate di grandi quantità di sequenze del DNA.

A causa delle inevitabili scelte soggettive i ricercatori possono produrre diverse classificazioni.

Per esempio:

- A seconda delle funzioni che si scelgono le classificazioni possono cambiare.
- I valori di similitudine utilizzati nelle analisi statistiche possono essere modificati e ciò può portare a collocare individui prossimi ai valori critici di similarità in taxa diversi.

Per superare i limiti delle scelte soggettive, è stata sviluppata la tassonomia genetica. La tassonomia genetica si basa sull'idea che le coppie che producono una progenie fertile appartengono agli stessi taxa. L'approccio genetico classifica le specie in base alla loro capacità di produrre prole fertile in condizioni di vita naturale. Se gli organismi producono una prole fertile solo se incrociati artificialmente o in cattività vengono collocati in taxa diversi. Ad esempio, un mulo è il prodotto di un cavallo e di un asino, ed è sterile. L'approccio genetico porta quindi a catalogare cavalli e asini in specie diverse.

La tassonomia biologica è quindi divisa principalmente in tassonomia morfologica, che tiene conto delle caratteristiche esterne (morfospecie) e della tassonomia genetica che tiene conto della fertilità (genospecie).

A seconda che l'enfasi sia genetica (fertilità) o morfologia (caratteristiche) i confini tra le specie possono variare. Nel caso degli asini e dei cavalli ci sono due genospecie e una morfospecie, dal momento che sono indistinguibili sulla base delle loro caratteristiche esterne, e quindi appartengono alla stessa morfospecie, ma non producono una prole fertile, e quindi non appartengono alla stessa genospecie.

Per superare questa discrepanza, è stata introdotta la classificazione del tipo di base che tiene conto di entrambe le classificazioni: i comportamenti riproduttivi e le caratteristiche morfologiche. Tuttavia, anche la classificazione del tipo di base non è riuscita a produrre taxa generalmente accettati.

Il genetista W. Gottschalk osserva che:

"Nonostante decenni di ricerca, la definizione di specie come unità biologica presenta grandi difficoltà. Ad oggi non esiste ancora un'unica definizione che soddisfi tutti i requisiti."[23]

La definizione comune di specie, genospecie, morfospecie e tipo di base, sono imprecise, poiché non consentono una delimitazione chiara e sempre valida tra i taxa. Applicando diverse definizioni di specie, inevitabilmente cambiano i confini. Ciò solleva la questione se sia possibile definire unità tassonomiche più elevate che comprendano i concetti genetici e morfologici.

- Microevoluzione

Charles Darwin (1809-1892), nell'*Origine delle Specie*[24], ha descritto la variabilità tra le specie e il fatto che la dimensione della popolazione rimane a lungo termine costante, nonostante la sovrapproduzione di progenie. Per Darwin solo gli individui migliori e più adatti sopravvivono e diventano i genitori della prossima generazione. Questo processo di selezione naturale è unito alla deriva genetica, cioè alla tendenza degli alleli che sono responsabili dei caratteri ereditari di combinarsi casualmente durante la riproduzione. Solo le variazioni casuali (anche dette mutazioni) che avvantaggiano direttamente o indirettamente le possibilità di sopravvivenza e contribuiscono al progresso evolutivo sono selezionate mentre le mutazioni deleterie sono per lo più eliminate. Questo meccanismo favorisce le mutazioni vantaggiose e svolge un importante ruolo positivo nel processo

---

[23] Gottschalk W. (1994), *Allegmeine Genetick*, Stoccarda.
[24] Darwin C (1859), *On the Origin of Species by Means of Natural Selection*, London, 2nd edition 1964, Cambridge: Harvard University Press.

evolutivo. Per Darwin, la selezione naturale e la deriva genetica sono gli elementi chiave del processo evolutivo. Tuttavia, è generalmente accettato che il meccanismo della selezione naturale e della deriva genetica operino solo nel contesto della microevoluzione.

I termini microevoluzione e macroevoluzione furono introdotti nel 1927 da Philiptschenko[25], dove:

- *Microevoluzione* indica la selezione di caratteristiche all'interno della stessa specie, ad esempio: cambiamenti quantitativi di organi e strutture di corpi esistenti.
- *Macroevoluzione* indica l'evoluzione di nuove caratteristiche, ad esempio: lo sviluppo di organi, strutture e forme di organizzazione con materiale genetico qualitativamente nuovo.

La funzione della microevoluzione è quella di ottimizzare le strutture esistenti, mentre la funzione della macroevoluzione è di sviluppare per la prima volta strutture con nuove funzioni.

Un esempio di microevoluzione è fornito dai semi trasportati dal vento che non riescono a germinare in terreni contaminati dai metalli pesanti.

Nelle discariche in Gran Bretagna è stato osservato che una minoranza di semi può germinare, crescere e produrre semi che possono colonizzare suoli inquinati da metalli pesanti. Questi discendenti mostrano l'incapacità di ricongiungersi con le piante parentali che crescono su terreni normali e incontaminati. Sulla base della definizione di genospecie, si può quindi affermare che ha avuto inizio una nuova specie.

Questi processi possono essere utilizzati come prova dello sviluppo di una nuova specie con nuove informazioni?

L'analisi genetica mostra che queste nuove piante non hanno sviluppato un nuovo carattere, ma la tolleranza all'alto contenuto di metalli pesanti deriva dal fatto che l'assorbimento di minerali dal suolo è stato limitato.

---

[25] Philiptschenko J. (1927), *Variabilität und Variation*, Berlin.

L'informazione genetica è stata limitata, non è un progresso evolutivo dovuto a nuove informazioni.

L'esempio delle piante che colonizzano le discariche delle miniere, così come altri esempi di questo tipo, mostrano che il processo di microevoluzione non deve essere considerato uno sviluppo verso forme più elevate, ma un impoverimento delle informazioni genetiche, una specializzazione con riduzione delle informazioni genetiche. Queste piante sono più tolleranti ai metalli pesanti, ma sono meno adattabili ai cambiamenti ambientali e sono perciò più a rischio di estinzione.

Quando questo processo di selezione viene ripetuto, si verifica una massiccia perdita delle informazioni genetiche. Queste nuove specie sono più adatte ad ambienti specifici, più specializzate, ma anche meno flessibili.

Un altro esempio di microevoluzione è fornito dal ghepardo, il mammifero più veloce del pianeta. La riduzione delle informazioni genetiche, dovuta alla specializzazione, non è reversibile e tende a portare questa specie all'estinzione. Nonostante le sue straordinarie abilità come predatore, il ghepardo è in pericolo a causa della sua bassa variabilità genetica che rende gli individui della specie molto simili. Questa specializzazione porta a malattie, ad un'alta percentuale di spermatozoi anormali, al fatto che dopo la caccia questi predatori sono così stanchi da non riuscire a difendere la preda da altri concorrenti, come i leoni, i leopardi e le iene, e ad una capacità insufficiente di adattamento che aumenta i rischi di estinzione.

La formazione di nuove specie (speciazione) è finora limitata a processi microevolutivi regolati dalla selezione naturale che riduce il potenziale genetico della specie.

Le osservazioni suggeriscono che le specie partono da una condizione in cui sono disponibili grandi quantità di informazioni genetiche; gradualmente questo potenziale si riduce a causa della selezione naturale, guidata dagli eventi di colonizzazione e di isolamento. La riduzione della variabilità genetica originaria consente la colonizzazione di nuovi habitat, ma limita le possibilità future di adattamento.

La speciazione si basa sulla perdita di informazioni genetiche a causa di particolari condizioni ambientali e dei processi di specializzazione.

Un ruolo importante nella microevoluzione è giocato dalla deriva genetica, cioè dalla ricombinazione dei geni parentali durante la riproduzione sessuata che porta alla formazione di un numero virtualmente illimitato di nuove combinazioni.

L'importanza biologica della riproduzione sessuata è spiegata dal fatto che aumenta le possibilità della selezione naturale. Ma, poiché la ricombinazione genetica non produce nulla di nuovo, la selezione naturale è confinata solo all'interno della microevoluzione.

Non viene formato alcun nuovo materiale genetico, ma solo i geni preesistenti e gli alleli vengono ricombinati, mescolati e selezionati.

- Macroevoluzione

A differenza della microevoluzione, che si basa sulla deriva genetica, sulla selezione naturale e sulla speciazione, la macroevoluzione richiede meccanismi che possano produrre nuove informazioni.

Tuttavia, finora, sono stati osservati solo processi di microevoluzione. Fattori evolutivi come la selezione naturale, la deriva genetica e l'isolamento non sembrano fornire spiegazioni per la macroevoluzione.

Di conseguenza, il termine macroevoluzione è compreso in modi molto diversi.

- Alcuni autori lo usano per indicare meccanismi diversi dal gradualismo di Darwin che sono insufficienti a spiegare lo sviluppo di nuovi organi complessi (come lo sviluppo di ali, zampe, ecc.).
- Altri lo usano in modo descrittivo, senza alcun commento sui meccanismi.
- Alcuni lo usano per indicare l'evoluzione oltre il livello di specie.

La differenza tra microevoluzione e macroevoluzione diventa il confine tra le specie.
- A volte la distinzione è fatta in base alla disciplina: la macroevoluzione è studiata dai paleontologi mentre la microevoluzione dai biologi.
- I confini tra microevoluzione e macroevoluzione sono considerati fluttuanti e non è possibile distinguere tra questi due termini.
- Altri rifiutano il termine macroevoluzione sulla base del fatto che esiste un solo meccanismo evolutivo.

Le mutazioni genetiche appaiono spontaneamente in natura (senza cause apparenti) e possono anche essere artificialmente indotte o favorite, ad esempio mediante trattamento con sostanze chimiche, radiazioni e variazioni di temperatura. Tuttavia, le mutazioni artificiali limitano l'evoluzione al campo della microevoluzione.

Le scoperte empiriche mostrano che queste mutazioni possono spiegare la separazione di una specie genitoriale in due o più specie (speciazione), ma non spiegano l'aumento delle informazioni. I figli sono specializzati in diverse direzioni, ma l'informazione non è aumentata.

Ci si chiede allora:

- se ci sono meccanismi noti che spiegano la macroevoluzione;
- se ci sono indizi che suggeriscono che la macroevoluzione è possibile;
- se l'equazione *microevoluzione + tempo = macroevoluzione* è corretta.

Una prima considerazione sull'azione della selezione naturale è che una serie di mutazioni che dovrebbero iniziare lo sviluppo di un nuovo organismo (macroevoluzione) sopravviverebbe solo se ogni singolo cambiamento causasse un vantaggio selettivo o, almeno, non uno svantaggio.

Ciò significa che l'evoluzione di un nuovo organo o struttura non può attraversare fasi intermedie che sono svantaggiose e non sopravviverebbe alla selezione naturale. I sistemi viventi devono essere in grado di sopravvivere in ogni fase del processo evolutivo. Per questo motivo è difficile spiegare lo sviluppo di organi complessi, poiché le fasi intermedie comporterebbero uno svantaggio che sarebbe eliminato dalla selezione naturale.

Nella formazione di nuovi organi e strutture un vantaggio selettivo viene dato solo al completamento.

Le prime fasi di sviluppo di un nuovo organo rappresentano uno spreco di risorse e fino al completamento del processo non offre alcun vantaggio. Pertanto, le forme intermedie incomplete sarebbero eliminate dal meccanismo della selezione naturale.

Il valore biologico di un organo è dato solo quando le varie funzioni possono interagire.

Simulando l'evoluzione di nuovi organi mediante l'uso di modelli computerizzati, è necessario raggiungere fasi intermedie vantaggiose in un periodo di tempo molto limitato; ma né i modelli computazionali o quelli biologici possono spiegare questi rapidi stadi intermedi dell'evoluzione.

Le fasi intermedie vantaggiose richiedono informazioni su meccanismi, tassi di mutazione e ricombinazione, criteri di selezione adeguati e appropriati e dimensioni della popolazione, che nelle simulazioni devono essere introdotte artificialmente (dall'esterno) mostrando che i processi di macroevoluzione richiedono una buona tecnologia, buoni programmi e software, ma non esiste una fonte naturale nota che possa fornire questo tipo di risorse, programmi e informazioni.

Dal punto di vista evolutivo, la domanda non riguarda l'esistenza di mutazioni vantaggiose, ma la possibilità dello sviluppo di nuovo materiale genetico e di nuove strutture.

Darwin riteneva che caratteristiche simili fossero ereditarie, ad esempio i bambini assomigliano ai loro genitori, e per questo motivo sosteneva che specie simili, come gli scimpanzé e gli umani, dovevano avere antenati comuni. Questa ipotesi richiede l'esistenza di numerosi collegamenti intermedi che dovrebbero testimoniare l'evoluzione tra gli scimpanzé e gli umani, ma i collegamenti mancano e non sono mai stati trovati. Occasionalmente alcuni fossili vengono interpretati come collegamenti, ma ciò ha provocato sempre forti controversie.

La teoria filogenetica non può ignorare il fatto che questi collegamenti mancano. I darwinisti cercano di spiegare la loro assenza dicendo che i processi evolutivi hanno avuto luogo in popolazioni marginali con una bassa probabilità di fossilizzazione.

La teoria della macroevoluzione sostiene che le affinità dovrebbero essere interpretate come convergenze. Ma come può un processo evolutivo senza tendenza convergere verso risultati simili? La convergenza è di solito spiegata affermando che l'evoluzione è stata fortemente canalizzata da processi selettivi simili. Ma i fossili mostrano che per quanto riguarda dimensioni, morfologia, ecologia, fasi di sviluppo e riproduzione, le specie antiche non possono essere distinte da quelle recenti, e ciò suggerisce una sostanziale costanza delle specie.

Mentre la biologia esamina le specie viventi, la paleontologia studia il mondo delle piante e degli animali che esisteva sul nostro pianeta in passato ed è quindi considerata una scienza delle origini e dell'evoluzione.

Secondo le dottrine della macroevoluzione, ciascun tipo di organizzazione si sarebbe sviluppata gradualmente e sarebbero esistiti collegamenti tra i diversi tipi. Ma i paleontologi non sono riusciti a fornire alcuna prova dell'esistenza di questi collegamenti. Al contrario, hanno fornito prove di una sostanziale costanza delle specie.

Ad esempio: i principali gruppi di piante appaiono improvvisamente e non in modo graduale e le specie appaiono spesso in ordine cronologico sbagliato (la più complessa ed evoluta appare per prima).

All'interno degli stessi taxa, è solitamente impossibile mostrare una tendenza dal semplice al complesso, ad esempio, sotto i taxa di Psilophyton, le forme più antiche sono le più complesse nella sequenza stratigrafica. Nella maggior parte dei casi, gli alberi genealogici possono essere ricostruiti solo se ammettiamo la possibilità di convergenze e reversioni (cioè il ritorno alle caratteristiche originali).

Secondo studi generalmente accettati, le spore appaiono prima dei macro-fossili (legno, foglie, ecc.). Nessuno sa perché questo sia accaduto.

- *Evoluzione convergente*

All'inizio del capitolo 21 del suo secondo libro sulla "*Discesa dell'Uomo*", pubblicato 12 anni dopo "*L'Origine delle specie*", Darwin afferma:[26]

> "*Sembra utile provare fino a che punto il principio dell'evoluzione getti luce su alcuni dei problemi più complessi nella storia naturale dell'uomo. I fatti falsi sono altamente dannosi per il progresso della scienza, perché spesso durano a lungo; ma i falsi punti di vista, se supportati da alcune prove, fanno poco danno, perché ognuno prende piacere nel provare la propria falsità: e quando ciò avviene, un percorso verso l'errore è chiuso e la strada verso la verità si apre.*"

In questa "*strada verso la verità*" Darwin suggerisce la possibilità di un'evoluzione convergente. Uno dei postulati dell'ipotesi entropia/sintropia è che la vita converge verso attrattori, che guidano in modo retrocausale ed invisibile l'evoluzione.

Un'ipotesi analoga è stata formulata da Pierre Teilhard de Chardin. Teilhard era un paleontologo e un noto scienziato evoluzionista e divenne famoso dopo la sua morte con la pubblicazione dei suoi libri, tra cui *Il fenomeno umano* e *Verso la convergenza*. Teilhard allarga la scienza ad un nuovo tipo di causalità che retro-agisce dal futuro. L'ipotesi entropia/sintropia sostiene che la vita è soggetta ad una doppia causalità: causalità efficiente e causalità finale. Per Teilhard la vita è guidata dalla causalità finale che porta a convergere verso il punto Omega, la fonte della sintropia.

---

[26] Darwin C., *L'origine dell'uomo e la selezione sessuale*, www.amazon.it/dp/8822700643

Teilhard considerava la realtà organizzata su tre sfere concentriche.

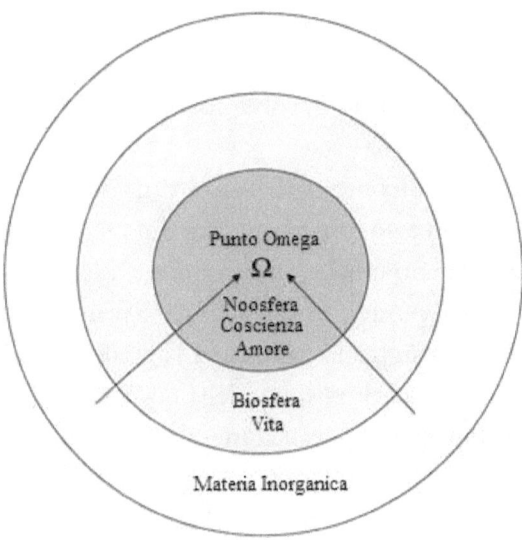

- La *Noosfera* è quella più interna. E' il fine ultimo dell'evoluzione dell'universo, in cui tutta la materia si trasforma in materia organica e cosciente, ed è anche la più vicina al punto Omega.
- La *Materia Inorganica* è la sfera esterna più distante dal punto Omega.
- La *Biosfera* è il regno intermedio: la vita che non riflette ancora su sé stessa.

Teilhard notava che:

"L'evoluzione non può essere misurata lungo l'asse che va dall'infinitamente piccolo all'infinitamente grande, ma secondo l'asse che va dall'infinitamente semplice all'infinitamente complesso. Possiamo rappresentare l'evoluzione come distribuita su sfere concentriche, ognuna delle quali ha un raggio che diminuisce man mano che la complessità cresce."[27]

---

[27] Teilhard de Chardin P., *Il fenomeno umano*, www.amazon.it/dp/8839919627

Nella sua infanzia l'idolo di Teilhard era rappresentato dalla materia solida: il *Dio di ferro*.

Ben presto raggiunse la convinzione che la consistenza della materia solida non era data dalla sostanza stessa, ma da una forza convergente. Il tema della convergenza divenne fondamentale nella visione di Teilhard.

Lavorando come paleontologo, Teilhard ha mostrato che la vita si evolve convergendo verso attrattori e che durante questo processo di convergenza aumentano unità, complessità e diversità.

Teilhard associò il punto Omega alla coscienza.

L'ipotesi entropia/sintropia considera la sintropia l'attrattore della vita e la fonte del sentire di esistere, della coscienza. Di conseguenza, l'aumento della sintropia implica l'aumento della coscienza.

Teilhard esprime questo concetto nel modo seguente:

> *"L'universo, preso nel suo complesso, si concentra sotto l'influenza dell'attrazione che nasce dal punto Omega, che assume la forma dell'amore. Le persone possono evolversi e diventare più umane poiché condividono lo stesso attrattore dell'amore. Secondo questa visione siamo tutti immersi in un flusso convergente di energia consapevole, la cui qualità e quantità crescono allo stesso ritmo della nostra complessificazione."*

Concentrazione e convergenza sono i concetti chiave nella visione evolutiva di Teilhard:

> *"Visto ad un livello più essenziale l'universo è un sistema di centro-complessificazione. L'evoluzione non coincide con una transizione dall'omogeneo all'eterogeneo, ma con una transizione dall'eterogeneo disperso all'unificato e complesso, ancor più chiaramente, dalla transizione da un minimo a un massimo di complessificazione centrale."*[28]

---

[28] Teilhard de Chardin P (2004), *Verso la convergenza. L'attivazione dell'energia nell'umanità*, Gabrielli Editori, Verona.

Teilhard vede la coscienza come una proprietà universale, una proprietà cosmologica dell'universo che emerge mentre convergiamo verso l'unità.

> *"La coscienza aumenta in proporzione alla complessità della vita. La coscienza è assolutamente inaccessibile ai nostri mezzi di osservazione al piccolo livello dei virus, ma appare chiaramente al livello massimo di complessità del cervello umano."*

Sia Fantappiè che Teilhard spiegano la macroevoluzione come conseguenza dell'in-formazione intelligente che retro-agisce dagli attrattori e, in definitiva, dal punto Omega, che consentirebbe lo sviluppo di nuovi organi, senza i passaggi intermedi che costituirebbero uno svantaggio.

Gli attrattori in-formano il nostro corpo e lo guidano verso forme e strutture specifiche. La macroevoluzione è quindi vista come un processo retrocausale convergente e ciò si osserva continuamente quando si studia la vita.

L'ipotesi che la vita richieda un tipo diverso di causalità era stata postulata da Hans Driesch (1867-1941), un pioniere nella ricerca sperimentale in embriologia.

Driesch suggerì l'esistenza di cause finali, che agiscono dall'alto verso il basso (dal globale all'analitico, dal futuro al passato) e non in modo ascendente, come accade con la causalità classica.

Le cause finali portano la materia vivente a svilupparsi e ad evolversi e coinciderebbero con lo scopo della natura, il potenziale biologico.

Le cause finali sono state indicate da Driesch con il termine *entelechia*[29]. Termine Greco che deriva da *en-telos* che significa qualcosa che contiene in sé il proprio fine o scopo e che si evolve verso questo fine. Quindi, se il percorso di sviluppo normale viene interrotto, il sistema raggiunge il fine in un altro modo.

Driesch riteneva che lo sviluppo e il comportamento dei sistemi

---

[29] Driesch H. (1908), *The Science and Philosophy of the Organism*, www.gutenberg.org/ebooks/44388

viventi fossero guidati da una gerarchia di entelechie, verso un'entelechia finale.

La dimostrazione sperimentale di questa ipotesi è stata fornita da Driesch utilizzando embrioni di ricci di mare. Separando le cellule dell'embrione di riccio di mare dopo la prima divisione cellulare, si aspettava che ogni cellula si sviluppasse nella metà corrispondente per cui era stata progettata o pre-programmata, ma invece scoprì che ognuna si sviluppava in un riccio di mare completo. Questo accadeva anche nello stadio a quattro cellule: intere larve si formavano da ognuna delle quattro cellule, anche se più piccole del solito. È possibile rimuovere pezzi di grandi dimensioni dalle uova, mescolare i blastomeri e interferire in molti modi senza influire sull'embrione finale. Sembra che ogni singola monade nella cellula uovo originale sia in grado di formare tutte le parti dell'embrione completo. Al contrario, quando si uniscono due embrioni, il risultato è un singolo riccio di mare e non due ricci di mare.

Questi risultati mostrano che i ricci di mare si sviluppano verso un singolo fine morfologico. Nel momento in cui agiamo su un embrione, la cellula sopravvivente continua a rispondere alla causa finale che porta alla formazione delle strutture. Sebbene più piccola, la struttura che viene raggiunta è simile a quella che sarebbe stata ottenuta dall'embrione originale.

Ne consegue che la forma finale non è causata dal passato o da un programma, un progetto o un disegno che agiscono dal passato, poiché ogni cambiamento introdotto nel passato porta alla stessa struttura. Anche quando una parte viene rimossa o lo sviluppo normale viene disturbato, si raggiunge la forma finale che è sempre la stessa.

Un altro esempio è quello della rigenerazione dei tessuti. Driesch ha studiato il processo mediante il quale gli organismi sono in grado di sostituire o riparare strutture danneggiate. Le piante hanno una straordinaria gamma di capacità rigenerative, e lo stesso accade con gli animali. Ad esempio, se una planaria (un verme piatto) viene tagliata a pezzi, ogni pezzo rigenera un verme completo. Molti vertebrati hanno straordinarie capacità di rigenerazione. Se la lente dell'occhio di un tritone viene rimossa chirurgicamente, una nuova lente viene rigenerata dal bordo dell'iride, mentre nel normale sviluppo dell'embrione la lente si forma in un modo molto diverso, a partire dalla pelle.

Driesch usò il concetto di entelechia per spiegare le proprietà di integrità e direzionalità nello sviluppo e nella rigenerazione di corpi e sistemi viventi.

Indipendentemente, nel 1926 lo scienziato russo Alexander Gurwitsch[30] e il biologo austriaco Paul Alfred Weiss[31] suggerirono l'esistenza di un nuovo fattore causale, diverso dalla causalità classica, che fu chiamato campo morfogenetico. Oltre all'affermazione che i campi morfogenetici svolgono un ruolo importante nel controllo della morfogenesi (lo sviluppo della forma del corpo), nessuno degli autori ha mostrato come la causalità funzioni in questi campi.

Il termine "campo" è attualmente di moda: campo gravitazionale, campo elettromagnetico, campo individuale di particelle e campo morfogenetico. Tuttavia, la parola campo è usata per indicare qualcosa che viene osservato, ma non ancora capito in termini di causalità classica; eventi che richiedono un nuovo tipo di spiegazione basata su un nuovo tipo di causalità.

L'ipotesi entropia/sintropia sostituisce i termini entelechia e campi con il termine attrattore. Un attrattore è una causa che agisce dal futuro e che guida generando un campo.

Il biologo Rupert Sheldrake[32] fa riferimento alla teoria di René Thom "*La Teoria delle catastrofi*" che identifica l'esistenza di attrattori alla fine di qualsiasi processo evolutivo.[33]

Thom introduce l'ipotesi che la forma può essere causata da attrattori che agiscono dal futuro e Sheldrake aggiunge l'ipotesi da lui chiamata "causalità formativa" secondo la quale la morfogenesi (lo

---

[30] Gurwitsch A.G.(1944), *The Theory of Biological Field*, Moscow: Soviet Science, 1944.
[31] Weiss P.A. (1939), *Principles of Development*, Henry Holt and Co.
[32] Sheldrake R. (1981), *A New Science of Life: The Hypothesis of Formative Causation*, Blond & Briggs, London, 1981.
[33] Thom R., *Stabilità strutturale e morfogenesi*, www.amazon.it/dp/8806505181

sviluppo della forma) è guidata da attrattori (cioè processi retrocausali). Il termine deriva dalla radice greca morphe/morfica e viene usato per enfatizzare l'aspetto strutturale.

Sheldrake ha fornito evidenze sperimentali che possono essere facilmente spiegate in termini di attrattori. Ad esempio, membri dello stesso gruppo, come gli animali della stessa specie, sono in grado di condividere conoscenze, senza utilizzare alcuna trasmissione fisica.

Gli esperimenti mostrano che quando un topo apprende un compito, questo stesso compito viene appreso più facilmente da ciascun altro topo della stessa razza. Maggiore è il numero di topi che imparano a svolgere un'attività, più facile è per ogni topo della stessa specie apprendere lo stesso compito.

Ad esempio, se i topi sono addestrati a svolgere un nuovo compito in un laboratorio a Londra, topi simili impareranno ad eseguire lo stesso compito più rapidamente nei laboratori di tutto il resto del mondo. Questo effetto si verifica in assenza di qualsiasi connessione o comunicazione nota tra i laboratori.

Lo stesso effetto si osserva nella crescita dei cristalli. In generale, la facilità di cristallizzazione aumenta con il numero di volte in cui l'operazione è stata eseguita, anche quando non vi è alcun modo in cui questi nuclei di cristallizzazione possano essere stati spostati da un laboratorio all'altro infettando le diverse soluzioni.

Sheldrake spiega questi risultati introducendo il concetto di campo morfogenetico:

> *"Oggi, gli effetti gravitazionali e quelli elettromagnetici sono spiegati in termini di campi. Mentre la gravità newtoniana emergeva in un qualche modo inspiegabile dai corpi materiali e si diffondeva nello spazio, nella fisica moderna i campi sono la realtà primaria e usando i campi cerchiamo di capire sia i corpi materiali che lo spazio. Ciò è complicato dal fatto che ci sono diversi tipi di campi. C'è il campo gravitazionale, il campo elettromagnetico, la teoria quantistica dei campi (QFT), e così via."*

I campi morfogenetici di Sheldrake sono una combinazione dei concetti di campi ed energia.

L'energia può essere considerata la causa del cambiamento, i campi il progetto, il modo in cui l'energia viene guidata.

I campi hanno effetti fisici, ma non sono di per sé un tipo di energia. Guidano l'energia in un'organizzazione geometrica o spaziale.

- *Attrattori*

I campi sono qui descritti come manifestazioni degli attrattori. I "campi morfogenetici" diventano "attrattori morfogenetici" o "retrocausalità morfogenetica". I campi morfogenetici sono alla base della causalità formativa, della morfogenesi, della macroevoluzione e del mantenimento della forma dei sistemi viventi a tutti i suoi livelli di complessità.

Gli attrattori forniscono il progetto e la forma e hanno proprietà simili alle entelechie di Driesch.

Ad esempio, per costruire una casa abbiamo bisogno di materiali da costruzione e un progetto (un attrattore) che determina la forma della casa. Se il progetto è diverso, lo stesso materiale da costruzione può essere utilizzato per produrre una casa diversa.

Quando si costruisce una casa c'è un campo che corrisponde al progetto. Il progetto non è presente nei materiali da costruzione, che possono quindi essere utilizzati in molti diversi tipi di progetti. Il progetto dà stabilità e guida il materiale da costruzione, portandolo a convergere e cooperare insieme, nonostante le differenze individuali.

Il progetto rappresenta la forza coesiva della sintropia che unisce le parti e si oppone alla tendenza divergente e disgregativa dell'entropia.

Questo esempio può essere esteso alle cellule, agli organi, agli alberi e ai sistemi viventi in generale. Per ogni specie, per ogni tipo di cellula e organo c'è almeno un attrattore, un campo. Ogni campo morfogenetico corrisponde ad un progetto che guida il sistema verso una forma e un'evoluzione specifica.

Nel 1942, Conrad Waddington coniò il termine epigenetica per descrivere il ramo della biologia che studia le interazioni causali tra geni e fenotipi, cioè la manifestazione fisica del corpo. Secondo l'epigenetica, i fenotipi sono il risultato di mutazioni genetiche ereditarie. Queste mutazioni durano per tutta la vita e possono essere trasmesse alle generazioni successive attraverso le divisioni cellulari.

L'ipotesi che le caratteristiche della vita possano essere aggiunte per mezzo di mutazioni casuali, come descritto dall'epigenetica, contraddice la legge dell'entropia in base alla quale la formazione spontanea della proteina più piccola richiede almeno 10^{600} mutazioni. Va anche notato che l'epigenetica implica che qualche misterioso meccanismo abbia inserito le proprietà della vita nei programmi genetici e nelle istruzioni genetiche.

Gli attrattori forniscono programmi e istruzioni e costituiscono il comune denominatore di una collettività di individui. Ad esempio, l'attrattore umanità è il comune denominatore di tutti gli esseri umani, l'attrattore topo è il comune denominatore di tutti i topi.

Oltre a fornire programmi e istruzioni, gli attrattori fungono da ripetitori. Ricevono le esperienze dagli individui, scelgono ciò che è vantaggioso per la specie e lo trasmettono a tutti gli altri individui. Questo meccanismo spiega i risultati ottenuti da Sheldrake dove topi di laboratorio imparano a risolvere un compito e automaticamente tutti i topi della stessa specie (stesso attrattore), in tutto il mondo risolvono più facilmente lo stesso compito. I geni agirebbero come antenne che collegano le nostre cellule, il nostro corpo, ai progetti memorizzati nell'attrattore. Quando i geni si danneggiano, questa comunicazione funziona male, il progetto non viene ricevuto correttamente e le cellule non sono più finalizzate, guidate dal progetto, una manifestazione è l'insorgenza dei tumori.

La teoria dell'evoluzione di Darwin è valida all'interno della microevoluzione. La sintropia suggerisce che la macroevoluzione è la manifestazione di attrattori che retroagiscono dal futuro.

Un esempio tratto dalla nostra vita quotidiana può aiutare a chiarire questo concetto.

La forma e la struttura del nostro corpo mostra che non abbiamo artigli per cacciare, non abbiamo i canini tipici dei carnivori, il tratto digerente è lungo e non è adatto per la carne che rimane nell'intestino troppo tempo producendo pericolose tossine. Mangiamo solo carne frollata (in avanzato stato di decomposizione), l'odore degli ormoni animali ci nausea e per questo motivo castriamo gli animali prima di macellarli. La forma e la struttura del nostro corpo dicono che l'attrattore non è quello di un animale carnivoro. Possiamo quindi prevedere che l'umanità evolverà naturalmente e inevitabilmente verso il vegetarismo.

Seguendo la logica classica saremmo portati ad affermare che non abbiamo le caratteristiche degli animali carnivori, poiché i nostri antenati erano vegetariani e mangiavano frutta, e solo recentemente siamo diventati onnivori. Seguendo la logica retrocausale siamo invece portati ad affermare che ci mancano le caratteristiche tipiche degli animali carnivori poiché il nostro attrattore, il nostro fine è quello di evolvere verso il vegetarismo. Le nostre attuali caratteristiche non dipendono da un ipotetico passato vegetariano, ma dall'attrattore che ci guida. L'ipotesi supercausale inverte il modo di pensare e introduce l'idea che la causalità intelligente fluisce dal futuro fornendo progetti e guida.

Mentre la causalità produce effetti che divergono dal passato, la retrocausalità produce effetti che convergono verso attrattori che agiscono dal futuro.

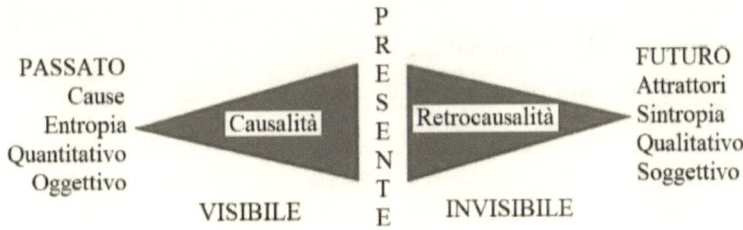

Gli attrattori selezionano l'informazione che è "vantaggiosa" per la vita, la trasformano in in-formazioni e la condividono istantaneamente in modo "non-locale". Come spiegano Barrow e Tipler[34], nel *Principio antropico*, questo meccanismo ha portato l'Universo verso costanti fisiche che rientrano nella gamma che è compatibile con la vita. L'universo sembra essere attratto verso quelle condizioni che favoriscono la vita.

L'in-formazione condivisa è compatibile con *l'ipotesi dell'ologramma quantistico*[35]. L'idea di un meccanismo olografico per il trasporto delle in-formazioni della vita risale alle intuizioni di Dennis Gabor[36] e Walter Schempp[37]. Il termine "olografico" implica che i processi sono olistici e postula che il tutto è più della somma delle sue parti, poiché le informazioni si diffondono ovunque legando le parti. In questo ambito, spazio e tempo non esistono più e la causalità formale o formativa di Aristotele entra in gioco.

Nel 1963 il meteorologo Edward Lorenz scoprì l'esistenza degli attrattori. Studiando un semplice modello matematico di fenomeni meteorologici, Lorenz notò che una piccola perturbazione poteva generare uno stato caotico che si amplificava, rendendo impossibile ogni previsione. Analizzando questi eventi imprevedibili, Lorenz trovò l'esistenza di quelli che furono chiamati attrattori caotici di Lorenz. Questi attrattori amplificano le perturbazioni microscopiche e interferiscono con il comportamento macroscopico del sistema. Lorenz descrisse questa situazione con la frase: "*Il battito d'ali di una farfalla in Brasile può scatenare un uragano in Texas*". Questa frase fornisce una sorprendente descrizione di come gli attrattori che agiscono dal livello quantistico possano avere effetti tremendamente potenti, spesso indipendenti dall'intenzionalità. Il concetto dell'effetto farfalla si è diffuso nella cultura popolare ed è diventato il principio centrale della

---

[34] Barrow J.D. and Tipler F.J. (1988), *The Anthropic Cosmological Principle*. Oxford University Press. ISBN 978-0-19-282147-8.
[35] Mitchell E. (2008), *The Way of the Explorer*, www.amazon.com/dp/1564149773
[36] Gabor D. (1946), *Theory of communication*, Journal of the Institute of Electrical Engineers, 93, 429-441
[37] Schempp W. (1993) *Cortical Linking Neural Network Models and Quantum Holographic Neural Technology*. In Pribram, K.H. (ed.) Rethinking Neural Networks

teoria del caos.

Quando gli attrattori interagiscono con i sistemi fisici, emerge la geometria frattale. Un frattale è un oggetto geometrico che si ripete nella sua struttura in modo analogo su scale diverse, e ha un aspetto che non cambia anche se è visto con una lente d'ingrandimento. Questa proprietà è chiamata auto-somiglianza. Il termine frattale fu coniato da Benoît Mandelbrot[38] nel 1975 e deriva dalla parola latina fractus; le immagini frattali sono oggetti matematici di dimensione frazionaria.

I frattali si trovano spesso nei sistemi complessi e sono descritti usando semplici equazioni ricorsive. Ad esempio, se ripetiamo la radice quadrata di un numero maggiore di zero (ma più piccolo di uno) il risultato tenderà a uno (ma non lo raggiungerà mai). Il numero uno è quindi l'attrattore della radice quadrata. Allo stesso modo, se continuiamo ad elevare al quadrato un numero maggiore di uno, il risultato tenderà ad infinito e se continuiamo ad elevare al quadrato un numero inferiore a zero, il risultato tenderà a zero. Come mostrato da Mandelbrot, le figure frattali si ottengono quando si inserisce in una funzione ricorsiva, un attrattore (un operatore che tende ad un limite). Forme complesse, e allo stesso tempo ordinate, si ottengono quando viene inserito un attrattore.

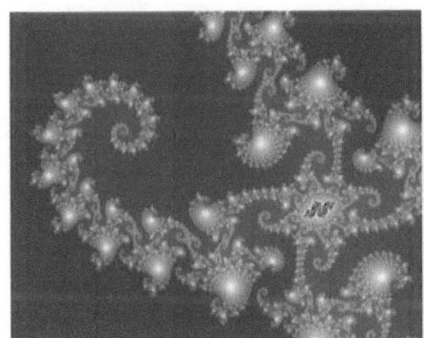 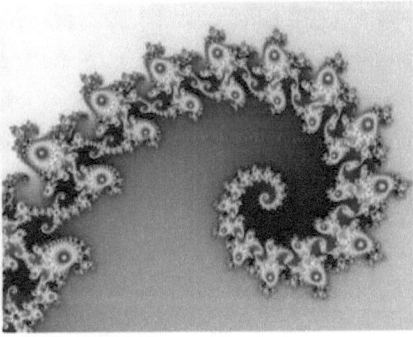

La geometria frattale riproduce alcune delle strutture più importanti

---

[38] Mandelbrot B, *Nel mondo dei frattali*, www.amazon.it/dp/8883233522

dei sistemi viventi e molti ricercatori hanno concluso che la vita segue la geometria frattale: il contorno di una foglia, la crescita dei coralli, la forma del cervello e le terminazioni nervose.

È stato scoperto un numero incredibile di strutture frattali. Ad esempio, le arterie sanguigne e le vene coronariche mostrano ramificazioni di tipo frattale. Le vene si dividono in vene più piccole che si dividono in vene sempre più piccole. Sembra che queste strutture frattali abbiano un ruolo importante nella contrazione e conduzione degli stimoli elettrici. L'analisi spettrale della frequenza cardiaca mostra che la frequenza normale assomiglia ad una struttura caotica. I neuroni presentano strutture frattali: quando vengono esaminati a basso ingrandimento si possono osservare ramificazioni da cui partono altre ramificazioni, e così via. I polmoni seguono disegni frattali che possono essere facilmente replicati da un computer: formano un albero con molteplici ramificazioni e con configurazioni simili sia a basso che ad alto ingrandimento. Queste osservazioni hanno portato all'ipotesi che l'organizzazione e l'evoluzione dei sistemi viventi (tessuti, sistema nervoso, ecc.) sia guidata da attrattori, in modo simile a ciò che accade nella geometria frattale.

Ancor prima che Leonardo da Vinci esplorasse la natura frattale dei fiumi, degli alberi e dei vasi sanguigni, un altro Leonardo - Leonardo da Pisa - esplorò i modelli frattali in aritmetica. Il suo libro "*Liber Abaci*", pubblicato nel 1202, con il nome di "Fibonacci", fu una pietra miliare nella storia della matematica perché introdusse l'uso dei numeri arabi in Europa, che avrebbero sostituito i numeri romani. Fibonacci descrisse anche una sequenza di numeri che sarebbe poi stata chiamata sequenza di Fibonacci.

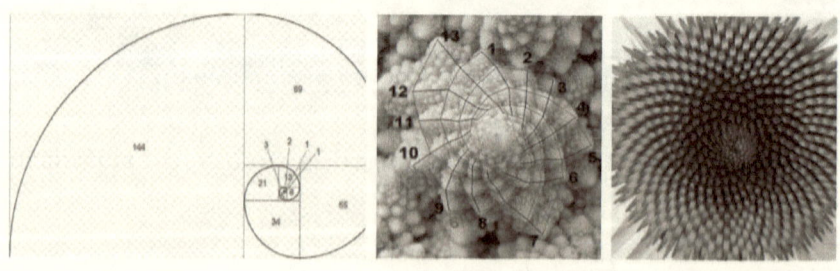

Questa sequenza, che Fibonacci chiamava Modus Indorum, metodo degli indiani, risolse un problema che implicava la crescita di una popolazione di conigli basata su ipotesi idealizzate. Nella sequenza dei numeri di Fibonacci, ogni numero è la somma dei due numeri precedenti. Il rapporto di numeri di Fibonacci consecutivi è noto come rapporto aureo.

Michelangelo affermava che l'abilità di un artista è quella di far emergere dalla pietra la figura che è già presente in essa e che non gli appartiene. Allo stesso modo, il successo delle specie viventi è quello di far emergere l'attrattore che è già presente in essa, ma che non appartiene al corpo. Questo spiega l'incredibile stabilità delle specie e la convergenza verso forme comuni e gli strani risultati ottenuti da Driesch con gli embrioni di ricci di mare.

- *Evoluzione*

Prima che Darwin pubblicasse *L'Origine delle Specie*, gli studiosi erano divisi in due correnti di pensiero. Alcuni immaginavano una natura dinamica in continua evoluzione, mentre altri credevano in una natura sostanzialmente immutabile. Il primo gruppo comprendeva scienziati e filosofi dell'età dell'Illuminismo, un movimento culturale di intellettuali europei e statunitensi del XVIII secolo, il cui scopo era quello di riformare la società e promuovere la conoscenza, la scienza e l'interscambio intellettuale. Il secondo gruppo includeva scienziati e filosofi vicini alla teoria della fissità proposta da Linneo. Questo secondo gruppo era radicato nella Genesi biblica e nella filosofia aristotelica, e credeva che le varie specie ed entità fossero state create una volta per tutte e non potessero cambiare se non entro certi limiti.

Il dibattito tra questi due gruppi è ancora in corso: il primo gruppo si chiama evoluzionista e afferma che la vita e le sue varie forme sono emerse gradualmente come risultato di processi casuali di mutazione e selezione naturale che hanno richiesto milioni di anni, mentre il secondo gruppo chiamato creazionisti crede che la vita nelle sue forme principali sia stata originata istantaneamente attraverso l'atto di Dio.

Forte del fatto che la proteina più semplice non si forma per effetto del caso, i creazionisti sostengono che gli evoluzionisti hanno torto. Allo stesso modo gli evoluzionisti sostengono che i creazionisti hanno torto poiché, se la vita fosse stata creata da Dio, l'azione dell'entropia avrebbe portato questa creazione alla morte.

L'approccio evoluzionista si basa sul lavoro di Charles Darwin e presuppone che tutti i primati (inclusi gli umani) discendano da un antenato comune. Secondo Darwin, si verifica un graduale e continuo accumulo di mutazioni successive, che in un periodo di tempo sufficientemente lungo produce cambiamenti significativi e vantaggiosi negli organismi viventi. Questo processo è basato sul trasferimento di informazioni alla prole e su mutazioni casuali. Sebbene i cambiamenti tra una generazione e l'altra siano generalmente piccoli, il loro accumulo nel tempo porterebbe a trasformazioni sostanziali attraverso i fenomeni di selezione naturale, della deriva genetica e l'emergere di nuove specie. La teoria di Darwin trovò sostegno nelle leggi dell'eredità mendeliana e nella scoperta del DNA.

Un terzo gruppo è denominato Disegno Intelligente. L'ipotesi del disegno intelligente è che la teoria dell'evoluzione di Darwin non sia in grado di spiegare la macroevoluzione, cioè la formazione di strutture progressivamente più complesse e suggerisce l'introduzione nella scienza della causalità intelligente. Mentre i creazionisti si riferiscono ai testi sacri, il disegno intelligente si basa su evidenze empiriche e valuta se queste possano essere attribuite al caso o richiedano una causa intelligente. Le conclusioni raggiunte non possono tuttavia giustificare l'esistenza di un essere divino, un creatore. Inoltre, il disegno intelligente non nega la teoria dell'evoluzione, ma la confina entro l'ambito della microevoluzione, cioè l'evoluzione per sottrazione di informazione. Tuttavia, il disegno intelligente non spiega la macroevoluzione, afferma solo che è necessaria un diverso tipo di causalità.

La sintropia aggiunge gli attrattori e la retrocausalità e può in questo modo dare origine ad un altro gruppo nell'ambito delle teorie dell'evoluzione.

- *La massa addizionale della vita*

La sintropia è coesiva, spiega le proprietà coesive dei sistemi viventi e suggerisce un'interazione tra energia vitale e gravità che darebbe luogo ad una massa aggiuntiva.

La massa di un organismo vivente (MV) potrebbe essere la somma della massa dell'organismo morto (MM), più la massa dovuta alla forza coesiva della forza vitale, della sintropia (MS).

$$MV = MM + MS$$

L'idea che al momento della morte ci sia una perdita di peso risale agli esperimenti del 1901 di Duncan MacDouglass, basati sull'idea che l'anima abbia una massa.

L'idea di MacDouglass è stata rafforzata dal film del 2003 intitolato "21 grammi". Il titolo si riferisce ai risultati di Duncan MacDougall che mostrano una perdita di peso corporeo, immediatamente successiva alla morte, di circa tre quarti di oncia, da allora resa popolare come 21 grammi. I risultati di MacDougall sono stati pubblicati sulla rivista scientifica American Medicine.

La sintropia considera l'energia vitale immateriale, mentre MacDouglass ritiene che l'anima avesse una massa. Tuttavia, se l'energia vitale è sintropica deve anche essere attrattiva. Per questo motivo un corpo vivente eserciterebbe un'attrazione gravitazionale più forte e quindi avrebbe un peso maggiore.

I risultati di Duncan sono stati replicati usando sistemi chiusi. Amrit Sorli descrive questi esperimenti nell'articolo "*The Additional Mass of Life.*"[39] Esperimenti preliminari sono stati condotti presso la Facoltà di

---

[39] Sorli A (2004), *The Additional Mass of Life*, Journal of Theoretics, 4:2, www.journaloftheoretics.com/articles/4-2/Sorli-final.htm

Bioingegneria di Lubiana, Slovenia, nel giugno 1987 utilizzando provette contenenti tre millilitri di soluzione acquosa mescolata a carne e zucchero. A metà delle provette venivano aggiunti dei funghi e tutte le provette erano ermeticamente chiuse. La differenza di peso tra le provette veniva misurata per dieci giorni. Dopo tre giorni di crescita dei funghi il peso delle provette aumentava e negli ultimi sette giorni rimaneva invariata. Questi esperimenti sono stati ripetuti nel 1988 presso la Facoltà di scienze naturali e tecnologiche di Lubiana, ottenendo risultati identici.

In un altro esperimento, le provette venivano riempite con 70 grammi di vermi vivi e con 0,25 ml di soluzione acquosa al 36% di formaldeide. Le provette di controllo contenevano 70 grammi di acqua distillata con una soluzione di 0,25 ml di soluzione acquosa al 36% di formaldeide. Le provette erano sigillate e venivano pesate ad intervalli di cinque minuti, poi capovolte per rovesciare la soluzione di formaldeide e di nuovo pesate ad intervalli di quindici minuti. Il peso delle provette con i vermi aumentava nei primi 3 minuti dopo l'avvelenamento, in media di 60 microgrammi e poi diminuiva. Quindici minuti dopo l'avvelenamento il peso diminuiva in media di 93,6 microgrammi. Questo esperimento è stato ripetuto più volte ottenendo risultati sempre simili. Ricercatori indipendenti hanno riprodotto risultati analoghi. È interessante notare che dopo l'avvelenamento, ma prima che avvenga la morte, si osserva un aumento di peso. Questo può essere interpretato come aumento della sintropia, nel tentativo dell'attrattore di mantenere in vita il sistema. Un aumento della sintropia si traduce in un aumento delle forze coesive e di conseguenza del peso.

Nell'ipotesi che l'interazione tra energia vitale e forze gravitazionali sia vera, è possibile immaginare una vasta gamma di applicazioni. Ad esempio, i parametri vitali di un organismo (come la frequenza cardiaca e la conduttanza cutanea) potrebbero essere utilizzati per anticipare i cambiamenti gravitazionali. Sistemi viventi semplici, che reagiscono principalmente in modo istintivo guidati direttamente dall'attrattore, dovrebbero mostrare reazioni anticipate dei parametri neurovegetativi alle variazioni gravitazionali.

La convinzione che gli animali possano prevedere i terremoti è in circolazione da secoli. Il primo resoconto risale al 373 a.C., quando animali, tra cui topi, serpenti e donnole, abbandonarono la città greca di Elice, pochi giorni prima di un potente terremoto. Comportamenti anomali di questo tipo vengono continuamente segnalati prima dei terremoti: gatti e cani mostrano nervosismo e irrequietezza, i pesci si muovono violentemente, i polli smettono di deporre le uova, le api lasciano il loro alveare in preda al panico.

Basandosi sull'osservazione di questo strano comportamento degli animali, nel 1975 i funzionari cinesi ordinarono l'evacuazione di Haicheng, una città di un milione di persone, pochi giorni prima di un terremoto di magnitudo 7,3. Solo una piccola parte della popolazione rimase ferita. Se la città non fosse stata evacuata il numero delle vittime avrebbe superato le 150.000 persone.

Ma la scienza occidentale respinge tuttora l'idea che possa esistere l'energia vitale, la retrocausalità e le reazioni anticipate.

BISOGNI VITALI

Il livello macroscopico è governato dalla legge dell'entropia, che distrugge la vita e innesca la lotta per la sopravvivenza. Il biologo Jacques Monod descrive l'entropia con le seguenti parole:

> "*L'uomo deve infine destarsi dal suo sogno millenario per scoprire la sua completa solitudine, la sua assoluta stranezza. Egli ora sa che, come uno zingaro, si trova ai margini dell'Universo in cui deve vivere. Un Universo sordo alla sua musica, indifferente alle sue speranze, alle sue sofferenze, ai suoi crimini.*"[40]

L'entropia ha trasformato la vita in un episodio altamente improbabile, che non deriva dalle leggi dell'universo. La sintropia, invece, reintroduce la vita nelle leggi dell'universo.

L'entropia distrugge la vita, la sintropia costruisce la vita. Di conseguenza la vita deve:

ridurre l'entropia e aumentare la sintropia

Le condizioni che riducono l'entropia e aumentano la sintropia possono essere raggruppate in tre categorie: bisogni materiali, bisogni di coesione e amore e bisogni di significato.

- Combattere gli effetti dissipativi dell'entropia: i **bisogni materiali**

Per combattere gli effetti dissipativi dell'entropia, i sistemi viventi devono acquisire energia dal mondo esterno, proteggersi dagli effetti dissipativi e distruttivi dell'entropia ed eliminare le scorie. Queste condizioni sono generalmente indicate come bisogni materiali o

---

[40] Monod J, *Il caso e la necessità*, www.amazon.it/dp/8804671378

bisogni base e includono:

- Combattere gli effetti dissipativi dell'entropia, ad esempio, acquisire energia dal mondo esterno attraverso il cibo e ridurre la dissipazione di energia con un rifugio (una casa) e il vestiario.
- Smaltire i rifiuti prodotti dal degrado entropico, quindi bisogni di igiene.

La soddisfazione totale di questi bisogni porta a uno stato caratterizzato dall'assenza di sofferenza fisica. La soddisfazione parziale viene vissuta come fame, sete e malattie. L'insoddisfazione totale porta alla morte.

- Acquisire sintropia: il **bisogno di amore e di coesione**

La soddisfazione dei bisogni materiali non impedisce all'entropia di distruggere le strutture dei sistemi viventi. Ad esempio, le cellule muoiono e devono essere sostituite. Per riparare i danni causati dall'entropia, i sistemi viventi devono attingere alle proprietà rigenerative della sintropia che consentono di creare ordine, strutture e aumentare il livello di organizzazione. Devono, quindi, acquisire sintropia. Negli esseri umani questa funzione è svolta dal sistema nervoso autonomo che supporta le funzioni vitali.

Poiché la sintropia funge da assorbitore e concentratore di energia:

- l'acquisizione di sintropia è percepita come sensazione di calore e benessere, nell'area in cui si trova il sistema nervoso autonomo (cuore/polmoni/torace). Questi vissuti coincidono con ciò che la gente di solito chiama amore;
- la mancanza di sintropia è percepita come sensazioni di vuoto e dolore nell'area toracica. Questi vissuti coincidono con ciò che la gente chiama angoscia.

La soddisfazione del bisogno di sintropia viene vissuta come amore, la parziale soddisfazione viene segnalata dall'angoscia, l'insoddisfazione totale porta alla morte, poiché non si è più in grado di alimentare i processi rigenerativi e l'entropia prende il sopravvento.

- Risolvere il conflitto tra entropia e sintropia: **il bisogno di significato**

Per soddisfare i bisogni materiali produciamo mappe dell'ambiente. Queste rappresentazioni danno luogo ad un paradosso. L'entropia ha gonfiato il mondo materiale verso l'infinito, mentre la sintropia concentra il nostro sentire di esistere, il Sé, in spazi estremamente limitati. Di conseguenza, quando ci confrontiamo con l'infinito dell'universo, ci rendiamo conto di essere un nulla. Da un lato sentiamo di esistere, dall'altro siamo consapevoli di essere uguali a zero. Queste due opposte considerazioni generano il conflitto di identità: *"essere o non essere: questo è il problema."*

Il conflitto di identità può essere espresso nel modo seguente:

$$\frac{Io}{Mondo\ Esterno} = 0$$

Quando mi confronto con il mondo esterno sono uguale a zero

Il *Mondo Esterno* corrisponde all'entropia mentre *Io* corrisponde alla sintropia. Essere uguali a zero equivale alla morte, che è incompatibile con la vita, il sentire di esistere.

Dobbiamo quindi risolvere il conflitto tra l'essere o il non essere e ciò è avvertito come necessità di dare un significato alla nostra esistenza.

Le strategie utilizzate per rispondere a questa necessità possono essere le più diverse. Ad esempio, possiamo cercare di aumentare il nostro valore attraverso la ricchezza, il potere, la realizzazione, il giudizio degli altri o cercare di dare un significato alla vita attraverso le ideologie e le religioni.

Il conflitto d'identità è avvertito come assenza di significato, mancanza di energia, crisi esistenziale e depressione che si avvertono come tensione nella testa e generalmente si accompagnano con l'angoscia.

La soddisfazione totale di questo bisogno è percepita come scopo nella vita. La parziale soddisfazione è vissuta come depressione e crisi esistenziale. L'insoddisfazione totale porta alla morte.

- *Il Teorema dell'amore*

Il conflitto di identità può essere scritto come segue:

$$\frac{Sintropia}{Entropia} = 0$$

Dove la sintropia è il nostro sentimento di esistere che è estremamente limitato nello spazio, mentre l'entropia è il mondo materiale che è divergente e va verso l'infinito.

L'obiettivo è di risolvere il conflitto di identità e questo può essere fatto solo se troviamo un modo per affermare che *Io* sono uguale a *Io*. Ciò può essere scritto come:

$$Sintropia = Sintropia$$

Da un punto di vista matematico ciò si ottiene quando moltiplichiamo il numeratore del conflitto di identità per Entropia.

$$\frac{Sintropia \times \cancel{Entropia}}{\cancel{Entropia}} = Sintropia$$

Questa espressione dice che quando uniamo la sintropia e l'entropia, quando passiamo dalla dualità alla non dualità, il conflitto di identità svanisce e sperimentiamo il significato della nostra esistenza. Il segno di moltiplicazione coincide con l'unione: l'amore. Per questa ragione è chiamato il *Teorema dell'Amore*. Il teorema dell'amore può essere scritto anche nel modo seguente:

$$\frac{Io \times \cancel{Mondo\ Esterno}}{\cancel{Mondo\ Esterno}} = Io$$

Solo quando ci uniamo al mondo esterno attraverso l'amore, sperimento la nostra identità.

Il teorema dell'amore:

- richiede la moltiplicazione "x" tra Noi e il Mondo Esterno. Poiché la moltiplicazione ha le proprietà coesive dell'amore, possiamo affermare che solo attraverso l'amore possiamo trovare il significato della nostra esistenza;
- mostra che il dilemma tra l'essere e il non essere si risolve solo quando ci uniamo al mondo circostante.
- postula che l'unione tra entropia e sintropia si ottenga attraverso l'amore e che l'amore realizza il passaggio dalla dualità (Io = 0) alla non dualità (Io = Io);
- spiega perché l'angoscia (la mancanza di amore) e la depressione (la mancanza di significato) sono perfettamente correlate, sebbene abbiano eziologie differenti;
- suggerisce che l'amore è lo scopo, l'attrattore della vita.

- Depressione

Usiamo strategie finalizzate a risolvere il conflitto di identità, ma queste forniscono in genere solo un sollievo temporaneo. Tra le tante strategie, una molto utilizzata è di espandere il nostro Ego attraverso il giudizio degli altri, la ricchezza, la popolarità, il potere.

$$\frac{Io + giudizio + ricchezza + popolarità + potere + \cdots}{Mondo\ Esterno} = 0$$

Queste strategie diventano vitali, poiché rispondono al bisogno vitale di significato e perciò le reiteriamo, anche quando diventano dannose. In un Famoso esperimento Stanley Milgram[41] ha mostrato quanto possano essere coercitive.

Lo scopo dell'esperimento era di studiare fino a che punto le persone erano disposte ad obbedire ad ordini chiaramente sbagliati.

Milgram usò un disegno sperimentale in cui i volontari venivano divisi in coppie, il primo volontario svolgeva il ruolo dell'insegnante, mentre il secondo il ruolo dello studente. Lo studente era portato in una stanza vicina e veniva fatto sedere su una specie di sedia elettrica, poi gli si affidava il compito di memorizzare una lista di parole e di recitarle.

L'insegnante doveva ascoltare la recitazione e inviare scosse elettriche allo studente quando sbagliava. L'insegnante utilizzava un commutatore di corrente. Al primo errore doveva inviare una scarica elettrica di 15 volt, poi 30 volt per il secondo errore, 45 volt per il terzo e così via, con successioni regolari fino a 450 volt. Ogni sei incrementi una voce registrata avvertiva: scarica debole, media, forte, pericolosa.

Milgram spiegò all'insegnante che l'intensità della scarica elettrica doveva essere aumentata ad ogni errore. Quando la lista era lunga e difficile, le risposte erano spesso sbagliate e all'insegnante veniva chiesto di inviare scariche sempre più forti. A 75 volt lo studente cominciava a lamentarsi, a 150 chiedeva di interrompere l'esperimento, ma Milgram ordinava di continuare. A 180 volt lo studente iniziava a urlare perché non sopportava più il dolore. Se l'insegnante si mostrava dubbioso, Milgram ordinava di continuare, anche quando lo studente, arrivati a 300 volt, gridava disperatamente di essere liberato.

Lo scopo dell'esperimento era quello di studiare fino a che punto

---

[41] Milgram S, *Obbedienza all'autorità*, www.amazon.it/dp/8806165534

l'insegnante era disposto a seguire gli ordini. Non sapeva che lo studente era in realtà un collaboratore di Milgram e che non riceveva alcuna scossa elettrica. Lo studente era in un'altra stanza, le sue preghiere e le sue urla non erano reali ma erano registrate.

Un gruppo di psichiatri valutò in anticipo che la maggior parte degli insegnanti si sarebbe fermata a 150 volt, quando lo studente iniziava a gridare aiuto.

I risultati dell'esperimento, tuttavia, sono stati sorprendentemente diversi: oltre l'80% degli insegnanti ha continuato anche dopo i 150 volt, e il 62% è giunto fino a 450 volt.

Tuttavia, Milgram ha sottolineato che per gli insegnanti non era facile obbedire. Molti sudavano, ma gli veniva ordinato di continuare ad aumentare l'intensità delle scariche elettriche. La disobbedienza era più facile, tuttavia, quando Milgram non era presente e quando gli ordini venivano impartiti per telefono, da una stanza vicina. Molti insegnanti dichiaravano di eseguire l'ordine, ma inviavano una scarica più debole di quanto avrebbero dovuto. D'altra parte gli insegnanti obbedivano più facilmente se le vittime erano lontane. Solo il 30% accettò di costringere gli studenti con la forza a tenere le mani su una piastra di metallo che avrebbe dovuto trasmettere scosse fortissime, ma se la vittima si trovava in un'altra stanza e si limitava a calciare sul muro, la percentuale di obbedienza superava il 60%.

Questo esperimento mostra che gli insegnanti obbedivano ad ordini comunemente rifiutati dall'etica e dalla morale e che erano incapaci di disobbedire!

Secondo la teoria dei bisogni vitali, qualsiasi strategia che risponde al bisogno di significato diventa vitale. Le persone si trasformano così in automi senza cuore e sensibilità per la sofferenza altrui e sviluppano comportamenti compulsivi e distruttivi.

Ayten Aydin in un discorso per il forum IIAS 2007, osservava che:

> *"Il fattore di base più importante di questo comportamento distruttivo degli esseri umani è una combinazione di (tra le altre cose) avidità, odio e ideologie. Queste, separatamente o combinate assieme, alimentano atti di disgregazione*

> *sociale che sono oggi sempre più diffusi e la creazione di due gruppi: i controllori e i controllati. Questi comportamenti stanno rapidamente diventando più estesi e alimentano l'odio, che sopprime la capacità di ragionare e la saggezza umana, rafforzando i sistemi di credenze."*[42]

La necessità di aumentare il nostro Ego ha un altro effetto negativo: isola le persone. Dal momento che vogliamo soddisfare le aspettative degli altri, ci comportiamo in modo che gli altri ci giudichino positivamente. Ma così facendo perdiamo la nostra spontaneità e usiamo maschere. Gli altri interagiscono con la nostra maschera e non con il nostro vero sé. Questa separazione dal mondo esterno è accompagnata da forti vissuti di solitudine e dall'aumento del conflitto di identità.

Inoltre, senza un gruppo, senza altre persone, sarebbe impossibile ricevere un giudizio positivo. Gli altri sono la fonte del nostro valore e del nostro significato, e questo genera un profondo bisogno di essere accettati e il timore di essere rifiutati. Questa paura porta ad allinearsi a tutte le condizioni che il gruppo o la comunità impongono.

Senza una comunità, senza la presenza di altre persone, sarebbe impossibile essere giudicati e ricevere un valore dall'esterno. Per essere giudicati dobbiamo garantirci i contatti sociali. Essere emarginati significa perdere la nostra fonte di valore e di identità. Il timore di essere emarginati, di essere respinti, spinge ad accettare, senza esitazione, tutte le condizioni che il gruppo impone. Il fenomeno della pressione sociale, che deriva da questa paura, è così forte che a volte porta le persone a dimenticare i valori etici fondamentali.

Avere più denaro, popolarità e potere ci dà l'illusione di essere di più. Ma, espandendo il nostro Ego e confrontandolo con l'infinito dell'universo, il risultato rimane sempre uguale a zero.

Possiamo diventare imperatori del pianeta e sentirci depressi, soli e privi di significato. Possiamo raggiungere le più alte forme di potere,

---

[42] Aydin A. (2007), *A culture of optimization and reconciliation: a concept of equitable, ethical and creative living*, Keynote speech: IIAS forum 2007 on "Survival in an Orwellian world."

dove decidiamo la vita o la morte delle persone, ma ci sentiamo ancora uguali a zero. Sostituendo il bisogno di significato con il bisogno di denaro, popolarità e potere, questi diventano bisogni secondari per noi vitali.

Molti psicologi e sociologi hanno suggerito specifiche esigenze di potere, come il modello nPow (Need of Power) sviluppato da McClelland nel 1975. Tuttavia la teoria dei bisogni vitali suggerisce che il bisogno di potere non è altro che un bisogno secondario, una strategia che usiamo per dare un senso alla nostra esistenza espandendo il nostro Ego. Non esiste un bisogno "biologico" di potere, popolarità o denaro, ma solo un bisogno di significato.

Il giudizio degli altri, il denaro, il potere e la popolarità non risolvono il bisogno di significato, di conseguenza, iniziamo a cercare altre strategie e in questa fase molte persone incontrano la religione. Il nostro bisogno vitale di significato si trasforma in un bisogno vitale di religione, e così diamo potere alle religioni. La nostra mente inconscia è consapevole del fatto che anche la religione non è in grado di fornire un significato all'esistenza e questa consapevolezza fa scattare la paura e l'odio per coloro che appartengono a religioni diverse. Non vogliamo prendere coscienza delle contraddizioni della nostra religione, poiché la religione è per noi diventata vitale. La forza e il potere delle religioni sono testimoniate in tutte le epoche della storia dell'umanità e in tutte le culture e nazioni. La storia è piena di guerre che sono state condotte nel nome di Dio. Questo fatto indica quanto è fondamentale per noi il bisogno di significato.

Anche le ideologie, i sistemi culturali e i valori forniscono significati e diventano perciò vitali.

I bisogni secondari creano una distanza tra noi e gli altri e innescano la paura.

Sentiamo il bisogno di difendere le nostre fonti di valore e questo è probabilmente uno dei nostri principali ostacoli verso l'amore e la risoluzione del conflitto d'identità. Le persone rimangono intrappolate nelle loro ideologie. Anche la cultura in cui cresciamo comunica valori, come i concetti di buono e cattivo, i ruoli e i doveri sociali. Quando entriamo in stretto contatto con altre culture perdiamo questi riferimenti, con la conseguente perdita di identità e l'aumento della depressione. Il visitatore non preparato può sperimentare uno shock culturale quando viene immerso in una cultura diversa. Gli immigrati spesso soffrono di shock culturali, depressione e crisi di identità.

Lo shock culturale è ciò che accade quando un viaggiatore si trova all'improvviso in un posto dove sì significa no, dove i prezzi fissi sono sostituiti dalla contrattazione, in cui farsi aspettare non è un'offesa, dove la risata può significare rabbia e quando i familiari segnali psicologici che ci forniscono significato vengono sostituiti con nuovi segnali, per noi sconosciuti e incomprensibili.[43]

Un'altra strategia comunemente usata per cercare di risolvere il conflitto di identità è di diminuire il valore del denominatore, per esempio:

$$\frac{Io \times \cancel{Gruppo}}{\cancel{Gruppo}} = Io$$

In questa strategia, le persone cercano di risolvere il loro conflitto di identità limitando il mondo esterno ad un gruppo. Piuttosto che confrontarci con l'infinito, riduciamo il nostro universo. Questa strategia cambia il bisogno di significato in un bisogno di appartenenza ad un gruppo. Diventa per noi vitale essere parte del gruppo.

Il gruppo può essere la famiglia, gli amici, una comunità religiosa, un partito politico, un'associazione, una comunità scientifica, il posto di lavoro o qualsiasi altro tipo di gruppo con un numero limitato di persone che ne fanno parte. Al fine di garantire questo senso di appartenenza, da cui riceviamo un significato, siamo disposti a fare qualsiasi cosa. Si innescano così situazioni in cui persone comuni perdono il lume della ragione e in uno stato di coscienza alterata

---

[43] Toffler A., *Lo Choc del Futuro*, www.amazon.it/dp/B00W180MOS

commettono atti altrimenti impensabili, mostrando quanto è diventato per loro vitale appartenere al gruppo. Per rispondere al bisogno di appartenenza, le persone possono diventare causa di sofferenze atroci, infliggendo intenzionalmente dolore.

Un'altra strategia è quella di cancellare il mondo esterno. In questo caso la formula si trasforma in:

$$\frac{Io \times Io}{Io} = Io$$

Questa strategia spiega 3 tipi di disturbi psichiatrici:

- quando la moltiplicazione *IoxIo* prevale le persone possono sviluppare un disturbo narcisistico di personalità.
- Quando la frazione *Io/Io* prevale può presentarsi un disturbo paranoide di personalità.
- Quando la frazione *Io/Io* e la moltiplicazione *IoxIo* hanno pesi simili possono presentarsi disturbi psicotici di personalità.

Una caratteristica comune a questi disturbi è la chiusura in sé stessi e la percezione del mondo esterno come minaccioso o inappropriato in relazione alle proprie aspettative.

Nel *disordine narcisistico* di personalità, l'amore per noi stessi domina (*IoxIo*). Gli individui che sviluppano un disturbo narcisistico della personalità credono di essere speciali. Si aspettano di ricevere approvazione e lode per le loro qualità superiori e hanno spesso atteggiamenti arroganti. In virtù dei valori personali che credono di avere, vogliono solo accompagnarsi con persone prestigiose, di alto livello sociale o intellettuale. Sono spesso presi da fantasie di successo illimitato, potere, bellezza o di amore ideale. Poiché il denominatore dell'equazione è stato sostituito con l'Io, questi individui mostrano scarsa sensibilità verso i bisogni e i sentimenti altrui, mancano di empatia e possono facilmente abusare degli altri senza alcun riguardo per le conseguenze. Inoltre, gli altri sono idealizzati finché soddisfano il loro bisogno di ammirazione e gratificazione. Le relazioni tendono ad essere fredde e distaccate, senza riguardo per il dolore che generano. Tendono a rompere piuttosto che a rafforzare i legami che rendono la vita sana e armoniosa.

Nel disturbo *paranoide di personalità* domina la frazione Io/Io e il mondo esterno viene sostituito dal nostro Io. Ma, dal momento che ci troviamo nel conflitto d'identità, percepiamo il mondo esterno minaccioso e pericoloso. Diventa difficile distinguere tra mondo esterno ed interno. Il senso di minaccia è pervasivo e non è considerato una fantasia, ma una realtà oggettiva, assoluta e certa. A volte i nostri sentimenti interiori sono di derisione, e altre volte sono dispregiativi o provocatori. Iniziamo a credere di essere, ingiustamente vittime di un mondo ostile e umiliante. Sperimentiamo rabbia, risentimento e irritazione, e la tendenza è quella di reagire a questa aggressione attaccando. Quando, invece, i sentimenti prevalenti sono quelli di essere esclusi, non voluti o ostracizzati dal gruppo, le esperienze prevalenti sono quelle di ansia, tristezza, solitudine e fatica, con la conseguente tendenza ad isolarci ancora di più. Gli individui con questo disturbo possono anche essere follemente gelosi e possono sospettare, senza una vera ragione, che il loro partner sia infedele. Questi individui mostrano anche l'incapacità di mettersi nella prospettiva degli altri e di distinguere i loro punti di vista da quelli degli altri.

Nei disturbi *psicotici di personalità* si enfatizzano sia la frazione Io/Io che la moltiplicazione $IoxIo$. Le persone sostituiscono la realtà esterna con il loro mondo interiore che diventa la realtà a cui si confrontano. Di conseguenza, proiettano la propria sofferenza all'esterno sottoforma di allucinazioni, associate alle tipiche considerazioni che caratterizzano il conflitto di identità: essere una nullità, essere indegni, incapaci, essere destinati alla morte e alla distruzione. Queste considerazioni possono assumere la forma di vere allucinazioni, delirio, pensiero illogico supportato da convinzioni e assurdità che sembrano ovvie alla persona interessata, ma che non possono essere accettate dagli altri. La realtà assume la forma di false percezioni in assenza di stimoli esterni, come voci minacciose e persecutorie che sono un costante richiamo alla totale mancanza di significato dell'esistenza. Le allucinazioni sono spesso caratterizzate da convinzioni paranoidi secondo le quali il mondo intero sta cospirando contro di noi. Queste convinzioni paranoidi, combinate con le allucinazioni tipiche della schizofrenia e della psicosi, possono portare a livelli insopportabili di sofferenza, così alti da condurre la persona verso il suicidio, che è percepito come l'unica via d'uscita. Poiché al numeratore del conflitto identità troviamo $Io x Io$, le persone che soffrono di allucinazioni e deliri sono anche caratterizzate da estremo ritiro sociale, e sono a contatto solo con sé stesse e con il proprio mondo immaginario. Il ritiro sociale, a sua volta, porta a diventare introversi e a preoccuparsi solo della malattia. Ne consegue che un tratto aggiuntivo che caratterizza la psicosi e la schizofrenia è l'egoismo, l'insensibilità e la mancanza di interesse per gli altri.

- *Angoscia*

Il sistema nervoso autonomo (SNA) regola e controlla le funzioni vitali del corpo automaticamente e inconsciamente, senza la necessità di alcun controllo volontario. Quasi tutte le funzioni viscerali sono sotto il controllo del sistema nervoso autonomo che è diviso nei sistemi simpatico e parasimpatico. Le fibre nervose di questi sistemi non raggiungono direttamente gli organi che governano, ma si fermano prima e formano sinapsi con altri neuroni in strutture chiamate gangli, da cui altre fibre nervose formano sistemi, chiamati plessi, che raggiungono gli organi. La parte simpatica del sistema è vicina ai gangli spinali e forma sinapsi insieme a fibre longitudinali, in un albero chiamato catena paravertebrale. Il sistema parasimpatico forma sinapsi lontano dalla colonna vertebrale e più vicino agli organi che controlla.

I gangli del sistema simpatico sono distribuiti come segue: 3 coppie di gangli intracranici, poste lungo il percorso del trigemino, 3 coppie di gangli cervicali collegati al cuore; 12 coppie di gangli dorsali collegati ai polmoni e al plesso solare, 4 paia di gangli lombari che sono collegati attraverso il plesso solare allo stomaco, intestino tenue, fegato, pancreas e reni, 4 coppie di gangli sacri in connessione con il retto, vescica e organi genitali.

Per molto tempo si è creduto che non ci fosse alcuna relazione tra il cervello e il sistema simpatico, ma oggi sappiamo che questa relazione esiste, è forte e il cervello può agire direttamente sugli organi attraverso la mediazione del plesso solare. Esiste quindi un legame tra stati mentali e stati fisici. Ad esempio, la tristezza agisce sul plesso solare attraverso il sistema simpatico, generando una vasocostrizione dovuta alla contrazione del sistema arterioso. Questa contrazione causata dalla tristezza ostacola la circolazione sanguigna, influenzando così anche la digestione e la respirazione.

Le persone fanno riferimento comunemente al cuore e non al plesso solare. Tuttavia, da un punto di vista fisiologico, l'organo che ci consente di percepire i sentimenti è il plesso solare. Quando sperimentiamo angoscia o amore, questi non sono un prodotto del cervello o del cuore, ma del plesso solare. Il cervello non è separato dal plesso solare e il plesso solare è esso stesso un cervello, ma con un'anatomia rovesciata. Mentre il cervello è fatto di materia grigia all'esterno e di sostanza bianca all'interno, nel plesso solare si osserva esattamente il contrario. La materia grigia è costituita da cellule nervose che ci permettono di pensare, la materia bianca è composta da fibre nervose, estensioni delle cellule, che ci permettono di sentire.

Il plesso solare e il cervello sono l'uno l'opposto dell'altro e rappresentano due polarità: il polo emissivo e il polo ricettivo. La stessa dualità entropia/sintropia che si trova in tutta la natura. Il plesso solare e il cervello sono strettamente collegati e da un punto di vista filogenetico il cervello si è sviluppato dal plesso solare. Tra il cervello e il plesso solare c'è una specializzazione di poteri e funzioni che sono totalmente differenti e che possono manifestarsi completamente quando queste due polarità sono integrate e lavorano in armonia, producendo risultati che sono piuttosto straordinari.

Gli esperimenti mostrano che la sintropia agisce principalmente sul sistema nervoso autonomo ed è percepita come calore associato a benessere. Al contrario, la mancanza di sintropia è percepita come vuoto associato a sofferenza.

Poiché la sintropia è emanata dall'attrattore, i vissuti interiori di calore e di benessere aiutano ad orientare le nostre scelte verso l'attrattore e hanno proprietà di anticipazione.

I seguenti esempi forniscono alcune indicazioni sulle proprietà anticipatorie dei vissuti interiori:

- L'articolo *"In Battle, Hunches Prove to be Valuable,"* pubblicato sulla pagina principale del New York Times del 28 luglio 2009, descrive come le intuizioni e le premonizioni abbiano aiutato i soldati a sventare gli attacchi: *"Il mio corpo improvvisamente diventò freddo; sai, quella sensazione di pericolo, e ho gridato no - no!"* La sintropia ipotizza che l'attacco avviene, la persona sperimenta paura e morte e questi vissuti viaggiano all'indietro nel tempo e la persona nel passato avverte questi vissuti di morte e paura come presentimento ed è spinto a scegliere diversamente evitando così il pericolo. Secondo l'articolo del New York Times questi vissuti interiori si sono dimostrate più efficaci della tecnologia e dei miliardi spesi per l'intelligence.
- William Cox, ha condotto uno studio sul numero di biglietti venduti negli Stati Uniti per i treni pendolari tra il 1950 e il 1955 e ha scoperto che nei 28 casi in cui i treni hanno avuto incidenti è stato venduto un numero inferiore di biglietti.[44] L'analisi dei dati è stata ripetuta controllando possibili variabili intervenienti come le condizioni meteorologiche, l'orario di partenza, il giorno della settimana, ma nessuna riusciva a spiegare la correlazione tra incidenti e il minor numero di passeggeri. La riduzione dei passeggeri il giorno dell'incidente è forte, non solo da un punto di

---

[44] Cox WE (1956), *Precognition: An analysis*. Journal of the American Society for Psychical Research, 1956(50): 99-109.

vista statistico, ma anche da un punto di vista quantitativo. Secondo l'ipotesi entropia/sintropia, i dati di Cox possono essere spiegati in questo modo: quando veniamo coinvolti in un incidente, i vissuti di dolore e angoscia si propagano indietro nel tempo e possono essere avvertiti nel passato sottoforma di premonizioni e malori che possono portarci a non viaggiare. Questa propagazione a ritroso nel tempo può perciò cambiare il futuro. In altre parole, un evento negativo accade e veniamo informati nel passato grazie ai vissuti emotivi. Ascoltare i nostri vissuti interiori può aiutarci ad evitare dolore e angoscia nel nostro futuro cambiandolo per il meglio.

- Tra le molte storie analoghe: il 22 maggio 2010 un Boeing 737-800 dell'Air India Express in volo tra Dubai e Mangalore si è schiantato durante l'atterraggio, uccidendo 158 passeggeri, solo otto occupanti sono sopravvissuti. Nove passeggeri, dopo il check-in, si sono sentiti male e si sono rifiutati di salire a bordo.

I vissuti interiori funzionano come l'ago di una bussola. Calore e benessere indicano l'attrattore e ciò che è vantaggioso per il nostro futuro, mentre vuoto e angoscia indicano pericolo o che stiamo divergendo dall'attrattore. Imparare a riconoscere e utilizzare questi vissuti può essere di grande aiuto.

Quando ci allontaniamo dal nostro attrattore la sintropia diminuisce, i processi rigenerativi diventano più difficili e lenti e invece di sentire benessere sperimentiamo dolore e angoscia.

Viviamo in un'epoca che trascura il linguaggio del corpo e quando proviamo angoscia invece di modificare la nostra direzione cerchiamo una sostanza (sigaretta, alcool, droga) o qualsiasi altra cosa ci liberi da questo doloroso vissuto interiore. Tuttavia, l'angoscia fornisce informazioni importanti. Quando sentiamo la sete non dobbiamo sopprimerla, poiché ciò porterebbe alla disidratazione e a seri danni per l'organismo. Allo stesso modo, quando sentiamo l'angoscia non dobbiamo sopprimerla, perché ci informa di uno stato di carenza di sintropia e del fatto che dobbiamo cambiare rotta.

Ansia, angoscia, paura e panico, utilizzano le stesse sensazioni interiori e ciò può creare confusione. È importante distinguere tra questi vissuti per rispondere efficacemente ai nostri bisogni:

- *L'ansia* si avverte in modo simile alla paura e ci avvisa di uno stato di angoscia nel nostro futuro. L'ansia è priva di oggetto in quanto l'informazione non può propagarsi dal futuro al passato.
- *Angoscia*, quando l'assunzione di sintropia è insufficiente avvertiamo l'angoscia che è caratterizzata da vissuti di vuoto e dolore. L'angoscia è solitamente associata a sintomi del sistema nervoso autonomo come nausea, vertigini e sensazione di soffocamento.

Invece di utilizzare i segnali dell'ansia e dell'angoscia per rispondere in modo più efficace ai bisogni, molte persone cercano di soffocare questi vissuti.

Una serie di strategie sono utilizzate, tra cui:

- Consumare sostanze che producono vissuti di calore nel plesso solare come alcol, tabacco ed eroina. Tuttavia, qualsiasi sostanza che causa vissuti di calore simili all'amore e che riduce l'angoscia, porta alla dipendenza. Un esempio eclatante è fornito dall'eroina. L'eroina viene descritta come *"l'amante fredda"* e i consumatori parlano della loro *"luna di miele con l'eroina"*. L'eroina si sostituisce al bisogno vitale di amore diventando vitale. Anche l'alcol provoca vissuti di calore simili all'amore e può sostituirsi al bisogno di amore, causando una forte dipendenza.
- Riempiamo le nostre vite di attività, trascorriamo tutto il nostro tempo lavorando, facendo volontariato, impegnati con gruppi sportivi, politici, religiosi o ideologici. Non ci concediamo un momento di relax e nei rari momenti di pausa accendiamo una sigaretta, beviamo alcolici, guardiamo la TV, o sentiamo il bisogno di mangiare compulsivamente, per non sentire l'angoscia.
- Quando la sofferenza diventa insopportabile cerchiamo di evitare

ogni momento di silenzio che ci possa far percepire i nostri vissuti interiori. Per evitare il silenzio diventiamo dipendenti dalla TV, radio, musica ad alto volume, giochi e violenza.

Queste strategie non soddisfano il bisogno di amore e di coesione. Di conseguenza, l'acquisizione della sintropia continua ad essere insufficiente e l'angoscia persiste.

Eliminare i vissuti di angoscia e di depressione senza risolvere la causa, porta ad una serie di effetti collaterali, come:

- Diventa difficile soddisfare i bisogni di amore e di significato e il corpo entra in uno stato di denutrizione cronica di sintropia.
- Quando riduciamo artificialmente l'ansia e l'angoscia riduciamo anche la nostra capacità di sentire il futuro e scegliere vantaggiosamente. Di conseguenza, l'uso di sostanze, compromette gravemente le nostre capacità decisionali e allontana dal benessere e dalla felicità.
- Quando riduciamo artificialmente i vissuti di dolore e di angoscia diminuisce la nostra capacità di sentire i vissuti interiori delle altre persone. Si innesca così la solitudine e ciò aumenta ulteriormente la solitudine e tutte quelle condizioni che causano ansia, depressione e angoscia.

Ansia, depressione e angoscia, anche se dolorose, sono guide necessarie per andare verso il benessere. L'uso di sostanze preclude la percezione di questi vissuti e riduce la possibilità di raggiungere la felicità.

L'angoscia e l'ansia sono segnali importanti che dobbiamo imparare ad ascoltare e comprendere.

MENTE E COSCIENZA

Partendo dalla duplice soluzione dell'equazione energia-momento-massa, il matematico Chris King[45] ipotizza che il libero arbitrio emerga dalla costante interazione tra informazioni che arrivano dal passato e vissuti che arrivano dal futuro. Ci troviamo costantemente di fronte a biforcazioni che obbligano a fare scelte.

Il flusso di informazioni in avanti nel tempo segue il tempo lineare ed è elaborato dalla razionalità, mentre il flusso di in-formazioni a ritroso nel tempo prende la forma delle intuizioni ed è elaborato dal sistema nervoso autonomo, in genere indicato come "cuore".

Poiché le informazioni in avanti e indietro nel tempo sono perfettamente bilanciate si osserva una perfetta divisione del cervello in due emisferi, dove l'emisfero sinistro è la sede del ragionamento logico razionale, del tempo lineare e del linguaggio (causalità ascendente), e l'emisfero destro elabora le intuizioni e i sentimenti (causalità discendente).

Poiché il pensiero logico-razionale è caratterizzato da informazioni oggettive e quantitative che sono percepite come certe, mentre il pensiero intuitivo è caratterizzato da vissuti qualitativi che sono

---

[45] King C.C. (1989), *Dual-Time Supercausality*, Physics Essays, Vol. 2(2): 128-151.

percepiti come incerti, la tendenza è quella di scegliere il pensiero logico-razionale penalizzando le intuizioni e la sintropia.

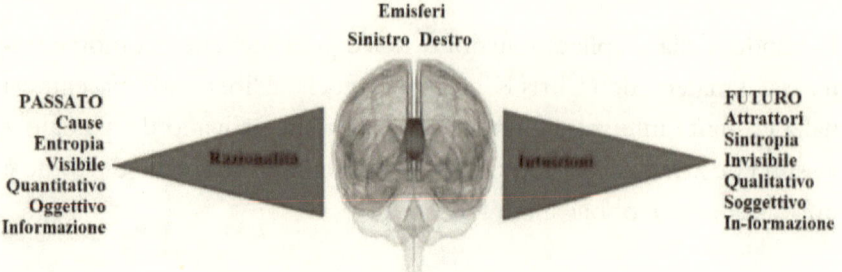

Gli esperimenti sulle reazioni anticipatorie suggeriscono che il sistema nervoso autonomo, deve essere incluso nel modello della Mente.

Secondo questo modello il sistema nervoso autonomo collega gli individui all'attrattore, la fonte dell'energia vitale (la sintropia), ed è quindi la sede del sentire di esistere. Il cervello, d'altra parte, è la sede della mente cosciente e del libero arbitrio.

Di conseguenza, la mente può essere descritta in base a tre livelli:

- la *mente cosciente* che è associata alla testa e al libero arbitrio;
- la *mente inconscia* che è associata al sistema nervoso autonomo;

- la *mente superconscia* che è associata all'attrattore, che fornisce lo scopo, la missione e il significato alla nostra esistenza.

Più precisamente:

- La *mente cosciente* su cui siamo sintonizzati durante il tempo in cui siamo svegli, ci connette alla realtà fisica dell'esistenza. La mente cosciente media i sentimenti che provengono dal sistema nervoso autonomo, cioè dalla mente inconscia, con le informazioni che provengono dal piano fisico della realtà. La mente cosciente è caratterizzata dal libero arbitrio.

- La *mente inconscia* governa le funzioni vitali del corpo come il battito cardiaco, la digestione, le funzioni rigenerative, la crescita, lo sviluppo e la riproduzione. Inoltre, implementa programmi altamente automatizzati, che permettono di svolgere molte attività complesse, senza doverci pensare, come camminare, andare in bicicletta, guidare, ecc. Il sistema nervoso autonomo fornisce al corpo le proprietà della sintropia ed è quindi la sede del Sé che ci collega all'attrattore. Si può accedere alla mente inconscia durante i sogni o grazie a tecniche di rilassamento e stati di coscienza alterati come la trance ipnotica.

- La *mente superconscia* è quella parte del nostro essere che è direttamente collegata all'attrattore. L'attrattore è la fonte della sintropia (l'energia vitale) e riceve tutte le esperienze degli individui della stessa specie e dello stesso gruppo, seleziona quelle informazioni che sono vantaggiose e le condivide con tutti gli altri individui. La mente superconscia mostra la via e fornisce soluzioni. È fonte di ispirazioni, intuizioni e intelligenza che consentono di risolvere i problemi. Invia messaggi attraverso i sogni, o sottoforma di sentimenti di anticipazione e presentimenti.

- La mente cosciente

La mente cosciente sceglie tra passato e futuro, ed è caratterizzata da processi di valutazione. E' alla base del libero arbitrio e dei processi decisionali. Il futuro fornisce motivazioni e direzione, mentre il passato fornisce strumenti ed esperienza.

Studiando pazienti neurologici colpiti da deficit decisionale Antonio Damasio[46] ha notato che il futuro non è presente nei pazienti con lesioni della corteccia prefrontale. La corteccia prefrontale integra i segnali che arrivano dal corpo. Questi pazienti mostrano un'assenza o una percezione imperfetta dei vissuti interiori e un comportamento che può essere descritto come *"miope nei confronti del futuro"*. Damasio ha suggerito che i vissuti interiori giocano un ruolo importante nel processo decisionale, aiutando a scegliere in modo vantaggioso, senza dover produrre valutazioni vantaggiose.

La dualità passato/futuro si manifesta come dualità razionale/intuitivo, testa/cuore e emisfero destro/sinistro. L'emisfero sinistro è la sede del ragionamento, l'emisfero destro delle intuizioni delle analogie, simboli e colori e dell'approccio globale.

L'emisfero sinistro si occupa del mondo esterno, è obiettivo e utilizza il ragionamento lineare; l'emisfero destro si occupa del mondo interiore, è intuitivo e usa un approccio globale fatto di sentimenti ed immagini. In generale tendiamo a trascurare le intuizioni, poiché è opinione diffusa che la vita debba essere basata sui fatti. Questo atteggiamento porta a scegliere in modo entropico.

- La mente inconscia e il sistema nervoso autonomo

Il sistema nervoso autonomo acquisisce sintropia e la distribuisce sottoforma di energia vitale, alimentando i processi rigenerativi e collegando l'individuo con l'attrattore che fornisce in-formazione.

---

[46] Damasio AR, *L'errore di Cartesio. Emozione, ragione e cervello umano*, www.amazon.it/dp/8845911810

Quando cerchiamo di spiegare la complessità e l'ordine dell'organizzazione e della struttura del corpo fisico e delle specie, unicamente come risultato di cause passate, ci troviamo di fronte ad una serie di paradossi come il fatto che le mutazioni casuali sono governate dalla legge dell'entropia e possono solo condurre ad una aumento graduale delle differenze strutturali.

Tuttavia, nel mondo reale assistiamo all'opposto, vale a dire ad un'incredibile convergenza delle strutture biologiche verso progetti comuni, nonostante le differenze individuali.

Per esempio, possiamo sicuramente individuare diverse razze tra gli esseri umani (europei, asiatici, africani) ma c'è qualcosa che unisce tutti rendendoli parte dell'umanità.

Considerando solo il passato è impossibile spiegare la convergenza verso la stessa specie e la stabilità delle specie nel tempo. La sintropia propone che l'informazione relativa alle specie sia contenuta negli attrattori che agiscono dal futuro in modo retrocausale.

Gli attrattori uniscono individui diversi in una stessa specie. Quando un attrattore è condiviso, le esperienze "vantaggiose" di un individuo vengono selezionate dall'attrattore e condivise con tutti gli altri individui. I membri dello stesso attrattore, ad esempio gli individui appartenenti alla stessa specie, possono in questo modo condividere conoscenze senza alcun contatto fisico. Gli attrattori trasformano le informazioni in in-formazioni (intelligenti e finalizzate) che vengono ritrasmesse a tutti gli altri individui seguendo le logiche della non-località e dell'entanglement (correlazioni quantistiche).

Il verbo informare significa dare forma e deriva dal termine latino in-formazione. Aristotele riteneva che *"l'informazione è un'attività primitiva e fondamentale dell'energia e della materia."* L'informazione non ha un significato immediato, come la parola conoscenza, ma piuttosto implica lo sviluppo di forme e soluzioni.

Il sistema nervoso autonomo collega l'individuo all'attrattore e riceve in-formazione e sintropia. Questo accade a livello inconscio, nonostante l'incredibile quantità di intelligenza che implica.

Il sistema nervoso autonomo, cioè la mente inconscia:

- È guidata da vissuti di anticipazione che portano a forme e soluzioni specifiche.
- Fornisce energia vitale sintropica ai vari organi del corpo ed esegue processi di guarigione basate sull'in-formazione ricevuta dall'attrattore.
- Si comporta come un meccanico che consulta il libro del produttore per eseguire riparazioni e mantenere il sistema il più vicino possibile al progetto. Il progetto non è meccanico e le istruzioni sono scritte con l'inchiostro dell'amore.
- È alla base di tutte le funzioni involontarie del corpo ed è responsabile del controllo del movimento dei muscoli e degli arti.
- Governa tutte le funzioni del corpo che non richiedono scelte coscienti. Ad esempio, è responsabile della digestione, del battito cardiaco, dell'assimilazione del cibo, della rigenerazione cellulare. Questi sono processi che sono completamente sconosciuti alla nostra mente cosciente. Non sappiamo come vengono eseguiti e, spesso, non sappiamo nemmeno che esistono. Non è necessario essere un medico o un biologo per digerire il cibo o rigenerare un tessuto. Il corpo sa tutto in modo indipendente dalla nostra mente cosciente e mostra uno straordinario livello di intelligenza.
- Dirige e regola questi processi, esprimendo così capacità e potenzialità di un'intelligenza che è incredibilmente superiore alla nostra mente cosciente.
- Memorizza schemi di comportamento che poi esegue in modo autonomo e automatico e che vengono mantenuti nel tempo, dando origine ad abitudini e immagazzinati, almeno in parte, nei muscoli del corpo sottoforma di modelli di comportamento.
- Ripete modelli comportamentali, finché diventano abitudini che si attivano automaticamente, indipendentemente dalla nostra volontà. Questi schemi sono quindi posti saldamente nella memoria della mente inconscia. La mente cosciente spesso non conosce ciò che è incluso nella mente inconscia. Di conseguenza,

la mente inconscia può aprire scenari incredibili nei processi di conoscenza di noi stessi.
- La mente inconscia agisce anche da guardiano di informazioni che la mente cosciente non può gestire.

- *La mente superconscia e l'attrattore*

La mente superconscia è l'attrattore, la fonte della sintropia. Risiede fuori dal nostro corpo fisico ed è collegata ad esso tramite il plesso solare.

Poiché la sintropia concentra l'energia, il buon funzionamento della mente superconscia viene segnalato da vissuti di calore e di benessere nell'area toracica del cuore. Al contrario, un funzionamento inadeguato della mente superconscia è segnalato da vissuti di vuoto e dolore di solito chiamati ansia e angoscia, accompagnati da sintomi del sistema neurovegetativo, come nausea, vertigini e sensazione di soffocamento.

La mente superconscia permette di sperimentare visioni del futuro, intuizioni, ispirazioni e livelli superiori di consapevolezza, che non sono accessibili agli stati ordinari della mente cosciente.

Interagiamo costantemente con la mente superconscia che illumina la direzione e fornisce obiettivi e scopo alla nostra vita.[47]

Entriamo in contatto con la mente superconscia attraverso il nostro cuore nei momenti di silenzio.

Questo contatto viene potenziato quando ci asteniamo da alcol, tabacco, droghe e caffè, ed evitiamo attività e abitudini che ci distraggono dai nostri vissuti interiori.

La mente superconscia agisce da guida interiore risolvendo problemi e portandoci verso il benessere.

Per comprendere meglio il ruolo della mente superconscia, vale la

---

[47] Aydin A., *Human Drama – Struggle for Finding the Lost Spirit*, 7th Symposium on Personal and Spiritual Development in the World of Cultural Diversity, 2010. The International Institute for Advanced Studies (IIAS).

pena riportare le parole di Henri Poincaré:[48]

"La genesi della creazione matematica dovrebbe interessare fortemente lo psicologo. È l'attività in cui la mente umana sembra prendere il minimo dal mondo esterno, in cui agisce o sembra agire solo partendo da sé stessa e su sé stessa, così che studiando la procedura della creazione matematica possiamo comprendere ciò che è più essenziale nella mente dell'uomo ... Cos'è la creazione matematica? Non consiste nel fare nuove combinazioni con entità matematiche già note. Chiunque può farlo, ma le combinazioni così fatte sarebbero infinite e la maggior parte di esse assolutamente senza interesse.

Creare consiste nel non fare combinazioni inutili e nel fare quelle che sono utili, che sono solo una piccola minoranza.

Creare è discernimento, scegliere; ma la parola forse non è del tutto esatta. Fa pensare ad un acquirente che esamina la merce riposta su degli scaffali. Qui i campioni sarebbero così numerosi che non basterebbe una vita intera per esaminarli tutti. Questo non è lo stato attuale delle cose.

Le combinazioni inutili non si presentano nella mente dell'inventore. Non appaiono combinazioni che non sono utili, tranne alcune che rifiuta ma che hanno in qualche modo contribuito alle combinazioni utili ...

Per capire cosa succede nell'anima del matematico farò ricorso alle mie esperienze ...

Per quindici giorni mi ero sforzato di dimostrare che non potevano esistere funzioni come quelle che ho poi chiamato Fuchsiane. Ogni giorno mi sedevo al mio tavolo da lavoro, uno o due ore, provavo un gran numero di combinazioni e non ottenevo risultati. Una sera, contrariamente alle mie abitudini, presi del caffè nero e non riuscii a dormire. Le idee emergevano, si scontravano e si intrecciavano. Il mattino seguente avevo scoperto una nuova classe di funzioni, dovevo solo scrivere i risultati.

Proprio in quel periodo lasciai Caen, dove vivevo, per fare un'escursione geologica sotto gli auspici della scuola mineraria. Il viaggio mi fece dimenticare il mio lavoro da matematico. Dopo aver raggiunto Coutances, entrammo in un omnibus. Nel momento in cui misi piede sul gradino mi venne l'idea, senza che nulla nei miei pensieri precedenti avesse spianato la strada, che le trasformazioni

---

[48] Poincaré H. (1908), *Mathematical Creation*, from Science et méthode.

che avevo usato per definire le funzioni Fuchsiane erano identiche a quelle della geometria non-euclidea. Non potei verificare subito l'idea. Non avevo tempo ed ero impegnato in una conversazione, ma avvertii un sentimento di certezza. Al mio ritorno a Caen potei verificare l'idea.

La mia attenzione si spostò allo studio di alcune questioni aritmetiche, ma senza alcun successo. Infastidito andai a passare qualche giorno al mare. Una mattina, camminando sulla scogliera, l'intuizione mi venne improvvisamente e con le stesse caratteristiche di certezza ...

C'era comunque ancora un problema che resisteva, il cui insuccesso avrebbe invalidato tutto il resto. I miei sforzi servirono solo a farmi vedere la difficoltà di questo problema. Partii per il servizio militare ed ero quindi molto occupato. Un giorno, percorrendo una strada, mi apparve improvvisamente la soluzione al problema che mi aveva bloccato. Non potei approfondire immediatamente la questione, e al termine del servizio militare mi dedicai di nuovo al problema. Avevo tutti gli elementi e dovevo solo sistemarli e metterli insieme. Scrissi il mio lavoro in una sola volta e senza alcuna difficoltà.

Mi colpì il modo in cui le soluzioni apparivano come un'illuminazione improvvisa, segno evidente di un lavoro inconscio che è possibile ed è fruttuoso solo quando è preceduto e seguito da un periodo di lavoro cosciente.

Queste improvvise illuminazioni non accadono mai se non dopo alcuni giorni di sforzi volontari e coscienti che sembravano assolutamente infruttuosi e dai quali non arrivava nulla. Questi sforzi non erano così sterili come pensavo, ma mettevano in moto la macchina dell'inconscio. Senza di loro l'inconscio non si sarebbe mosso e non avrei prodotto nulla.

La necessità del secondo periodo di lavoro cosciente, dopo l'illuminazione, è ancora più facile da capire. È necessario mettere in una forma coerente i risultati dell'intuizione, dedurne le conseguenze, organizzarle, formulare le dimostrazioni, ma soprattutto è necessaria la verifica.

Ho parlato del sentimento di assoluta certezza che accompagna l'intuizione; questa sensazione non è un inganno. Ma dovevo comunque mettere in piedi la dimostrazione. Queste intuizioni emergono in modo particolare il mattino o la sera quando mi trovavo in uno stato semi-ipnagogico.

Il lavoro di un matematico non è meccanico, non può essere fatto da una macchina, per quanto perfetta. Non si tratta di applicare regole, di provare tutte le combinazioni possibili. Le combinazioni possibili sono eccessivamente numerose e inutili.

Il vero lavoro di chi inventa consiste nello scegliere tra combinazioni per eliminare quelle inutili e le regole che guidano questa scelta sono sottili e delicate. È quasi impossibile indicarle con precisione; vengono avvertite piuttosto che formulate.

Date queste condizioni, è impossibile immaginare di applicarle meccanicamente.

La mente inconscia non è inferiore a quella cosciente; non è meccanica ed è capace di discernimento; ha tatto, delicatezza; sa come scegliere e intuire.

Sa intuire meglio della mente cosciente, poiché riesce dove questa ha fallito. L'inconscio non è forse superiore al conscio?

Le combinazioni che si presentano alla mente in una sorta di illuminazione improvvisa, dopo un lavoro inconscio prolungato, sono generalmente utili e sembrano essere il risultato di una prima elaborazione.

Il sé inconscio, ha intuito che queste combinazioni sarebbero state utili o ha formulato tutte le combinazioni e quelle inutili sono rimaste inconsce?

Secondo questa seconda ipotesi tutte le combinazioni si formerebbero in conseguenza dell'automatismo del sé inconscio, ma solo quelle interessanti emergerebbero nel dominio della coscienza. Tutto questo è ancora molto misterioso.

Perché tra le infinite combinazioni prodotte dalla mente inconscia, solo quelle utili superano la soglia della coscienza? È un semplice effetto del caso? Evidentemente no. Le combinazioni suscettibili di diventare consce sono quelle che si abbinano alle nostre emozioni.

Può essere sorprendente parlare di emozioni a proposito di dimostrazioni matematiche che sembrerebbero interessare solo l'intelletto. Ciò significa dimenticare le emozioni di bellezza matematica, di armonia dei numeri e delle forme, dell'eleganza geometrica. Queste sono vere e proprie emozioni estetiche che tutti i matematici conoscono, e che appartengono alla sfera della sensibilità.

Ora, quali sono le entità matematiche a cui attribuiamo questo carattere di bellezza ed eleganza, e quali sono in grado di provocare in noi una sorta di sentimento estetico? Sono quelle i cui elementi sono armoniosamente disposti in modo che la mente senza sforzo possa abbracciare la loro totalità e al contempo i dettagli. Questa armonia soddisfa i bisogni estetici della mente ed è un aiuto ed una guida. Ci offre un tutto ben ordinato e ci fa intuire una legge matematica.

Abbiamo detto che i fatti matematici che attirano la nostra attenzione sono quelli che possono portarci ad una legge matematica. In questo modo arriviamo alla conclusione che solo le combinazioni utili sono le più belle, quelle che sanno meglio affascinare questa speciale sensibilità che tutti i matematici conoscono, ma di cui i profani sono così ignoranti.

Cosa succede allora? Tra il gran numero di combinazioni quasi tutte sono senza interesse e utilità, ma proprio per questo motivo sono anche senza bellezza e non hanno alcun effetto sulla sensibilità estetica. La coscienza non li conoscerà mai. Solo le combinazioni armoniche saranno allo stesso tempo belle e utili e in grado di toccare questa sensibilità che, una volta risvegliata, richiamerà la nostra attenzione su di loro, dando così l'occasione di diventare coscienti.

Così, questa speciale sensibilità estetica svolge il ruolo delicato del decisore, e chi ne è privo non potrà mai inventare e creare. Ciò non supera però tutte le difficoltà. Il ruolo del sé cosciente è fortemente circoscritto, mentre non conosciamo i limiti dell'inconscio. Per questo motivo non rifiutiamo l'idea che in poco tempo l'inconscio possa eseguire un numero infinito di combinazioni. Eppure le limitazioni esistono. È possibile che l'inconscio sia in grado di formulare tutte le combinazioni possibili, il cui numero è inimmaginabile? Tuttavia ciò sembra essere necessario, perché se producesse solo una piccola parte di queste combinazioni, in modo casuale, ci sarebbero poche possibilità che quello che dovremmo scegliere, venga trovato tra di loro.

Nel sé inconscio regna ciò che chiamo la libertà, se potessimo dare questo nome alla semplice assenza di disciplina e al disordine del caso. Solo questo disordine permette di giungere a combinazioni inaspettate."

In sintesi, Poincaré notò che di fronte ad un nuovo problema iniziava utilizzando l'approccio razionale e cosciente che consente di prendere visione dei vari aspetti del problema. Ma poiché le opzioni tendono ad essere infinite e ci vorrebbe un tempo infinito per valutarle tutte, un altro tipo di processo inizia a funzionare portando a selezionare la soluzione corretta. Poincaré chiamò questo processo intuizione e lo considerò fondamentale nella produzione di informazioni qualitativamente nuove. Poincaré arrivò alla conclusione che il processo di scoperta può essere diviso in quattro fasi in modo analogo a Charles Sanders Peirce propose uno schema che ha influenzato profondamente lo sviluppo della scienza.

In *"How to Make Our Ideas Clear"*,[49] Peirce ha inserito l'induzione e la deduzione in un contesto complementare anziché competitivo. Peirce ha esaminato e articolato le modalità fondamentali delle tappe dell'indagine scientifica suddividendole in: induttiva, abduttiva, deduttiva e test di ipotesi:

1) Durante la fase *induttiva* esaminiamo consapevolmente i problemi irrisolti.
2) Durante la fase *abduttiva* hanno luogo i processi inconsci che portano all'intuizione.
3) Durante la fase *deduttiva* l'ipotesi viene tradotta in informazioni che possono essere raccolte.
4) Durante la fase di *test dell'ipotesi* vengono raccolti i dati e testate le ipotesi.

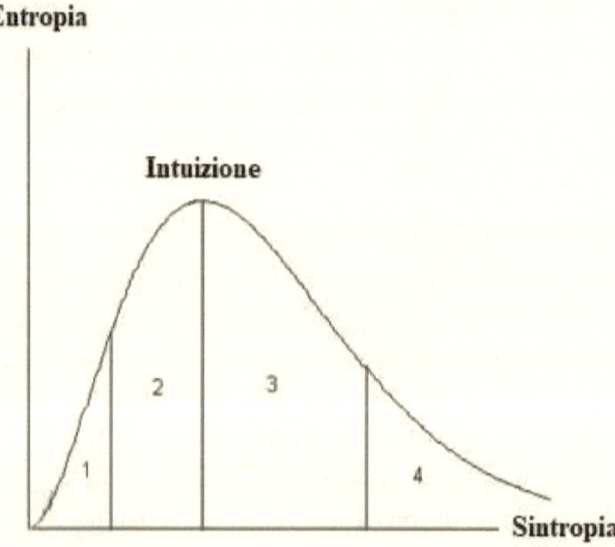

---

[49] Peirce C.S. (1878), *How to Make Our Ideas Clear*, www.amazon.it/dp/B004S7A74K

Le intuizioni guidano verso le soluzioni e le opzioni corrette riducendo in questo modo l'entropia. Al contrario, quando usiamo solo il pensiero razionale trascurando le intuizioni, l'entropia aumenta. La mente superconscia usa costantemente le intuizioni e i vissuti interiori come una bussola che guida verso la soluzione.

Descartes aveva distinto tra *res extensa*, la realtà oggettiva, e *res cogitans*, la nostra esperienza cosciente.

Nell'introduzione a "*La Mente Cosciente*" David Chalmers afferma che: "*E' ancora misterioso perché il comportamento debba essere accompagnato da una vita interiore soggettiva.*"[50] Chalmers divide il problema della coscienza in:

- Il *problema facile*, che si occupa dello studio dei modelli neurobiologici della coscienza e dei correlati neurali delle esperienze coscienti.
- Il *problema difficile*, che tratta delle qualità soggettive dell'esperienza cosciente, dal momento che questi aspetti soggettivi sfuggono all'analisi scientifica classica.

Chalmers afferma che i problemi facili sono facili perché tutto ciò che serve è trovare i meccanismi che permettono di spiegarli, rendendoli compatibili con le leggi della fisica. Il problema difficile della coscienza è difficile poiché, anche quando tutte le principali funzioni sono spiegate in base a processi di causa ed effetto, è impossibile arrivare a spiegare la coscienza, l'esperienza soggettiva.

L'ipotesi entropia/sintropia suggerisce che all'esperienza cosciente si applicano due forze: una divergente (*res extensa*=entropia), che si propaga in avanti nel tempo e una convergente (*res cogitans*=sintropia), che si propaga all'indietro nel tempo. Ciò implica che nella spiegazione dei processi mentali, i vissuti interiori e la retrocausalità devono essere presi in considerazione.

---

[50] Chalmers D, *La Mente Cosciente,* www.amazon.it/dp/8838637105

- *Cuore o cervello?*

E' opinione diffusa che quando il cervello smette di funzionare la coscienza finisce e la persona può essere considerata morta.

Il concetto di morte cerebrale è stato ufficialmente formalizzato nel 1968 al momento dei primi trapianti di organi, poiché i criteri della morte naturale (fine dell'attività cardiaca e della circolazione sanguigna) non consentono trapianti di organi. La prima definizione di morte cerebrale è stata sviluppata da un comitato ad hoc istituito presso la Harvard Medical School. I *"criteri di Harvard"* del 1968 per la determinazione della morte cerebrale sono ora alla base delle leggi sul trapianto di organi, dal momento che gli organi vengono rimossi quando il cuore ancora batte. Questi criteri stabiliscono quando è lecito "staccare la spina" e considerare il paziente "legalmente" morto.

Ma innumerevoli fatti mettono in discussione questo criterio, ad esempio: quando si espiantano gli organi da una persona legalmente morta (morte cerebrale) la persona inizia a difendersi e ad urlare e deve essere legata al tavolo operatorio per consentire di rimuovere gli organi; un numero impressionante di persone, a cui era stata diagnosticata la morte cerebrale, si sono svegliate in piena coscienza.

Nel 1985 il Vaticano accettò i criteri di Harvard e nel 1989 Papa Giovanni Paolo II parlò sull'argomento in diverse occasioni legittimando la rimozione di organi da corpi caldi, nonostante il fatto che respirano e il cuore batte ancora.

Il 3 settembre 2008, nella prima pagina del quotidiano ufficiale del Vaticano *"L'Osservatore Romano"*, Lucetta Scaraffia ha scritto un editoriale dedicato al quarantennale dei criteri di Harvard. In questo editoriale dichiarò che la morte cerebrale non può essere usata come criterio per affermare la fine di una vita e la definizione di morte deve essere rivista tenendo conto delle nuove scoperte scientifiche.

Le reazioni del mondo medico/scientifico occidentale furono immediate: *"I criteri per la morte cerebrale sono gli unici criteri scientificamente validi per dichiarare la morte di un individuo"*. Inoltre: *"La comunità scientifica mondiale approva i criteri di Harvard e le critiche che provengono da minoranze marginali, si basano essenzialmente su considerazioni non scientifiche*". Infine: "*I paesi scientificamente avanzati hanno accettato come norma i criteri della morte cerebrale*".

Un libro curato da Paolo Becchi: "*Morte cerebrale e nuovi studi*"[51] contiene la dichiarazione di Hans Jonas che sostiene che la definizione di morte cerebrale era motivata non da scoperte scientifiche, ma dall'esigenza di avere organi per i trapianti. Nel 1989, la Pontificia Accademia delle Scienze aveva già affrontato la questione e il Professor Josef Seifert, Decano dell'Accademia Filosofica Internazionale del Liechtenstein, fu l'unico a contestare la definizione di morte cerebrale.

Ma, quando la Pontificia Accademia delle Scienze si è riunita nuovamente per discutere la questione, il 3-4 gennaio 2005, le posizioni si sono invertite. I partecipanti, filosofi, giuristi e neurologi di vari paesi, hanno convenuto che il criterio della morte cerebrale non è scientificamente credibile e dovrebbe quindi essere abbandonato.

Questi risultati furono ritenuti inaccettabili da Marcelo Sánchez Sorondo, cancelliere della Pontificia Accademia delle Scienze, e gli atti dell'incontro non sono stati pubblicati. Un certo numero di relatori consegnò le relazioni ad un editore esterno, Rubbettino, che le ha pubblicate in un libro dal titolo latino *Finis Vitae*, a cura del professor Roberto de Mattei, vice direttore del CNR, Consiglio Nazionale delle Ricerche.[52]

Gli esperimenti sul sistema nervoso autonomo, suggeriscono che la coscienza risiede nell'area del cuore e non nel cervello. Rita Levi-Montalcini descrive questo paradosso con le seguenti parole:

"*Tutti dicono che il cervello è l'organo più complesso del corpo. Come medico potrei essere d'accordo! Ma come donna, vi assicuro che non c'è niente di più complesso del cuore; i suoi meccanismi sono ancora sconosciuti. Nel cervello c'è il ragionamento logico, nel ragionamento del cuore ci sono i sentimenti.*"

---

[51] Becchi P. *Morte cerebrale e trapianto di organi. Nuovi studi*, www.amazon.it/dp/8837228988/
[52] *Finis vitae. La morte cerebrale è ancora vita?* a cura di R. De Mattei, editore Rubbettino, www.amazon.it/dp/8849820267/

Cuore o cervello? Questa è una delle principali differenze tra Occidente e Oriente. L'Occidente è centrato sul cervello mentre l'Asia e in particolare la Cina sono centrati sul cuore. Un esempio è fornito dal termine coscienza. Se copiamo l'ideogramma 心 e lo inseriamo nel traduttore di Google otteniamo le seguenti traduzioni: cuore, centro, nucleo, sentimento, pensiero e intelligenza. Queste sono alcune delle proprietà che in Occidente attribuiamo alla coscienza. Ma l'ideogramma 心 indica il cuore! Gli ideogrammi cinesi associano la coscienza al cuore!

Di conseguenza, in Cina una persona è considerata viva e cosciente fino a quando il cuore batte. L'espianto di organi da corpi caldi è considerato un'omicidio. Questo è uno dei motivi per cui in Cina gli organi per i trapianti possono essere forniti solo da detenuti che, prima dell'esecuzione a morte, accettano di donare i loro organi.

- Amore o istinto?

In Cina l'amore 春心 è espresso dalla combinazione degli ideogrammi 春 (vita) e 心 (cuore), mentre in Occidente l'amore è visto come la conseguenza dell'azione di neurotrasmettitori e come manifestazione dell'istinto.

In un recente articolo di due antropologi inglesi, Robin Dunbar e Anna Maschin[53], il bisogno di amicizia viene descritto come causato da oppioidi interni (endorfine) prodotti durante i rapporti di amicizia. L'amicizia ha sempre messo la scienza di fronte ad un paradosso perché, a differenza dell'amore, non è necessaria per la riproduzione della specie e non implica un vantaggio per la sopravvivenza. È quindi sempre rimasto un mistero il motivo per cui trascorriamo ore con persone, dalle quali probabilmente non riceveremo mai alcun beneficio

---

[53] Maschin A.J. e Dunbar R.I.M. (2011), *The brain opioid theory of social attachment: a review of the evidence*, Behavior, 148(10): 985-1025.

per la nostra sopravvivenza.

Secondo Dunbar e Maschin la causa dell'amicizia è un neurotrasmettitore che fa parte del gruppo degli oppioidi endogeni. Sostanze simili agli oppioidi, che siamo abituati a considerare come farmaci, ma che sono prodotti dai nostri neuroni.

Dunbar e Maschin concludono che poiché l'amicizia è causata da una droga interna provoca gli stessi effetti di dipendenza della droga, e non se ne può fare a meno.

Gli oppioidi endogeni (o endorfine) sono neurotrasmettitori associati a uno stato di benessere, che ci incoraggia a vedere la vita ottimisticamente e riducono lo stress. Secondo la scienza ufficiale, le endorfine sono la causa del benessere, e Dunbar e Maschin affermano che *"sono la colla neurochimica che ci fa mantenere quelle relazioni sociali complesse che vanno al di là dell'accoppiamento e della cura della prole"*.

Gli oppioidi endogeni sono stati scoperti negli anni '70 e sono difficili da studiare in quanto causano dipendenza. Fin dalla loro scoperta è stata evidente la relazione tra endorfine e amore.

La scienza vede le cause dell'amore e dell'amicizia nei neurotrasmettitori e negli ormoni. Ad esempio, l'ossitocina, la vasopressina, la dopamina e la serotonina sono ritenute la causa dell'attrazione erotica, della gelosia, del senso di maternità e paternità.

La sintropia inverte questa interpretazione, sostenendo che l'amore, l'amicizia e la coesione sono vitali, poiché rispondono al bisogno di acquisire sintropia. La sintropia è coesiva e le sue manifestazioni sono di unione e coesione. Quando acquisiamo sintropia, le sensazioni di calore dovute alla concentrazione di energia sono associate a benessere dovuto ai processi rigenerativi attivati dall'energia vitale. Questi processi producono mediatori chimici come le endorfine. La produzione di endorfine è qui vista come una conseguenza dell'acquisizione della sintropia. Amore, amicizia e coesione sono modi con cui acquisiamo sintropia e non sono causati dalle endorfine o dai neurotrasmettitori.

Luigi Fantappiè affermò che nella legge della sintropia poteva vedere la legge dell'amore:

"Oggi vediamo stampato nel grande libro della natura - che Galileo ha detto, è scritto in caratteri matematici - la stessa legge d'amore che si trova nei testi sacri delle principali religioni."

Descriveva questa scoperta nel modo seguente:

"Ciò che rende la vita diversa è la presenza di qualità sintropiche: finalità, obiettivi e attrattori. Ora, mentre consideriamo la causalità l'essenza del mondo entropico, è naturale considerare la finalità l'essenza del mondo sintropico. È quindi possibile dire che l'essenza della vita sono le cause finali, gli attrattori.

Vivere significa tendere agli attrattori ... la legge della vita non è la legge delle cause meccaniche; questa è la legge della non vita, la legge della morte, la legge dell'entropia; la legge che governa la vita è la legge delle finalità, la legge della sintropia.

Ma come vengono vissuti questi attrattori nella vita umana? Quando un uomo è attratto dai soldi, noi diciamo che ama i soldi. L'attrazione verso un obiettivo è sentita come amore. Ora vediamo che la legge fondamentale della vita è questa: la legge dell'amore. Non sto cercando di essere sentimentale; Sto solo descrivendo risultati che sono stati logicamente dedotti da premesse che sono certe. È incredibile e toccante che, arrivati a questo punto, i teoremi matematici inizino a parlare al nostro cuore!"

"La legge della vita non è la legge dell'odio, la legge della forza o la legge delle cause meccaniche; questa è la legge della non vita, la legge della morte, la legge dell'entropia. La legge che domina la vita è la legge della cooperazione verso obiettivi sempre più elevati, e questo vale anche per le forme più semplici di vita. Nell'uomo questa legge prende la forma dell'amore, poiché per gli esseri umani vivere significa amare, ed è importante notare che questi risultati scientifici possono avere grandi conseguenze a tutti i livelli, in particolare al livello sociale, che è ora così confuso. (...) La legge della sintropia è quindi la legge dell'amore e della differenziazione. Non va verso il livellamento, ma verso forme più elevate di differenziazione. Ogni essere vivente ha la sua missione, le sue finalità, che nell'economia generale dell'universo sono importanti, grandi e belle."

COMPLEMENTARIETA'

La descrizione di due forze complementari, una divergente e una convergente, una visibile e una invisibile, una distruttiva e una costruttiva, può essere trovata in molte filosofie e religioni.

Nella filosofia taoista tutti gli aspetti dell'universo sono descritti come l'interazione di due forze complementari e fondamentali: il principio yang che è divergente e il principio yin che è convergente.

Queste due forze fanno parte di un'unità. Nel lato visibile della realtà, quando una aumenta l'altra diminuisce, ma nel complesso il loro equilibrio rimane invariato. Ciò è magistralmente rappresentato dal simbolo del Taijitu, l'unione di queste due forze opposte e complementari, lo yin e lo yang, le forze divergenti e convergenti la cui azione combinata muove l'universo in tutti i suoi aspetti: i sessi, le stagioni, il giorno e la notte, la vita e la morte, il pieno e il vuoto, il movimento e il riposo... L'acqua assume la forma yang e il ghiaccio la forma yin. All'interno dello yin c'è lo yang, e dentro lo yang c'è lo yin.

Simbolo del Taijitu

Nel Taijitu il principio yang è rappresentato dal colore bianco e ha proprietà entropiche, mentre il principio yin è rappresentato dal colore nero e ha proprietà sintropiche. Il Taijitu è un cerchio che ruota costantemente, modificando la proporzione dello yin e dello yang (della sintropia e dell'entropia) nei lati visibili e invisibili della realtà. Il Taijitu mostra che una proprietà della complementarità è che gli opposti si attraggono. Questa proprietà è ben nota in fisica, ma è anche vera a livello umano dove persone di polarità opposte si attraggono, com'è il caso dei maschi e delle femmine. Poiché l'equilibrio di queste forze opposte rimane invariato, la filosofia taoista suggerisce che l'obiettivo è di armonizzare gli opposti, creando unità.

Nell'induismo la legge della complementarità è descritta dalla danza di Shiva e Shakti, dove Shakti è la personificazione del principio femminile e Shiva del principio maschile. Rappresentano l'energia cosmica primordiale e le forze dinamiche che si pensa attraversino l'intero universo. Shiva ha le proprietà della sintropia, mentre Shakti ha le proprietà dell'entropia e sono costantemente combinate assieme in una danza cosmica infinita:

Shakti non può esistere separatamente da Shiva o agire indipendentemente da lui, proprio come Shiva rimane un semplice corpo senza Shakti. Tutta la materia e l'energia dell'universo esprime questa danza tra due forze opposte e complementari. Shiva assorbe l'energia di Shakti, trasformandola in un corpo e in pura coscienza, la luce della conoscenza. Secondo l'induismo l'intelligenza viene dal futuro (Shiva), mentre la paura, la ferocia e l'aggressività vengono dal passato (Shakti). Shakti è l'energia del mondo fisico e visibile mentre Shiva è la coscienza che trascende il mondo visibile. Tuttavia, ogni aspetto di Shiva ha una componente Shakti, legata al mondo fisico. L'evoluzione di questa danza senza fine tra Shakti e Shiva ha la funzione di portare la vita verso l'Unità.

Nella letteratura psicologica del XX secolo Carl Gustav Jung e Wolfgang Pauli hanno aggiunto le sincronicità (la sintropia) alla causalità (l'entropia). Secondo Jung, le sincronicità sono l'esperienza di due o più eventi apparentemente acausali, non collegati o improbabili, eppure accadono assieme in modo significativo.

Il concetto di sincronicità fu descritto per la prima volta con questa terminologia da Carl Gustav Jung negli anni '20. Il concetto non mette in discussione la causalità, ma sostiene che proprio come gli eventi possono essere raggruppati per cause, possono anche essere raggruppati per fini, un principio significativo. Jung coniò la parola sincronicità per descrivere *"occorrenze temporalmente coincidenti di eventi acausali"*. Descriveva in vario modo le sincronicità come *"collegamento acausale"*, *"coincidenze significative"* e *"parallelismo acausale"*.

Jung diede una definizione completa di questo concetto nel 1951, quando pubblicò *Synchronicity - An Acausal Connecting Principle*[54], congiuntamente con uno studio del fisico Wolfgang Pauli.

Nella descrizione di Jung e Pauli la causalità agisce dal passato, mentre le sincronicità agiscono dal futuro. Le sincronicità sono significative poiché conducono verso un fine, fornendo direzione agli eventi che si correlano in modi apparentemente acausali.

Jung e Pauli descrissero la causalità e le sincronicità come parti della stessa energia indistruttibile, unite da questa energia, ma allo stesso tempo complementari.

---

[54] Jung CG, *La sincronicità*, www.amazon.it/dp/8833902439

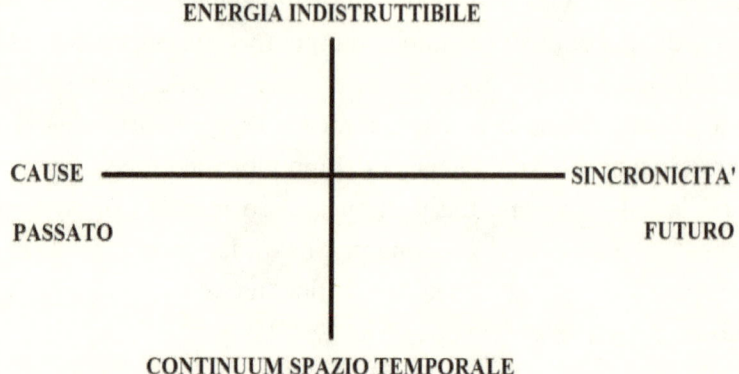

La sintropia concentra l'energia in spazi sempre più piccoli aumentando l'ordine e l'organizzazione, ma poiché la concentrazione di energia non può aumentare indefinitamente, ad un certo punto il sistema rilascia energia e materia, attivando così il processo opposto dell'entropia e uno scambio di energia e materia con l'ambiente. La vita tende naturalmente ad aumentare la sintropia, ma il livello macroscopico è governato dall'entropia. Lo scambio tra la vita e l'ambiente produce un processo continuo di costruzione e distruzione che consente l'evoluzione della vita. Lo scambio rivela il principio di complementarità che è una proprietà fondamentale della vita a tutti i suoi livelli di organizzazione, dal livello biologico all'economia.

Nel campo degli ecosistemi, Ulanowicz suggerisce una descrizione basata su cicli di ascesa e scarico. L'ascesa descrive la tendenza verso i fenomeni organizzati, mentre lo scarico descrive la tendenza disorganizzata dell'energia.[55]

Questo principio di scambio è ben visibile nel metabolismo in cui l'entropia corrisponde ai processi catabolici, che trasformano le strutture di livello superiore in strutture di livello inferiore con il rilascio di energia sottoforma di energia chimica (ATP) ed energia termica, e la sintropia corrisponde ai processi anabolici, che trasformano semplici strutture in strutture complesse, ad esempio elementi nutritivi in biomolecole, con l'assorbimento di energia.

---

[55] Ulanowicz R.E. (2009), *A third Window*, Templeton Foundation Press.

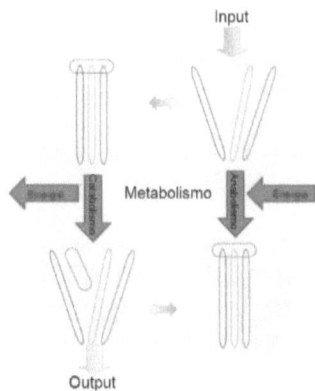

La complementarietà tra entropia e sintropia può essere rappresentata con un'altalena dove entropia e sintropia giocano ai lati opposti.

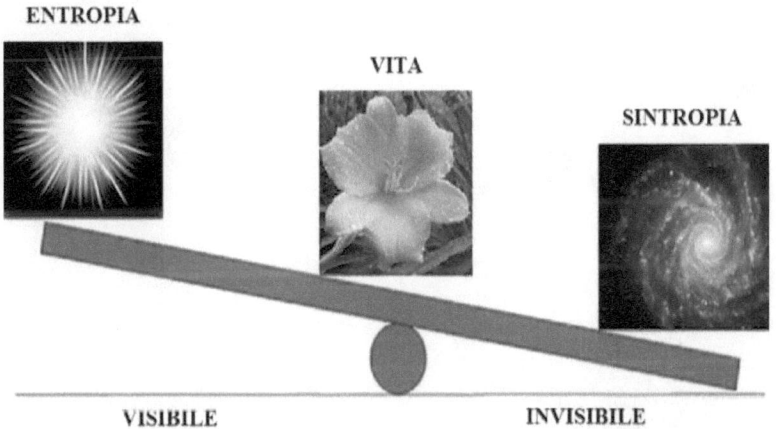

Questa rappresentazione mostra che quando si riduce l'entropia, la sintropia aumenta e quando l'entropia aumenta la sintropia diminuisce. La riduzione dell'entropia è ottenuta attraverso una tensione continua verso l'ottimizzazione, mentre l'aumento della sintropia si ottiene grazie alle intuizioni, che sono una proprietà della mente superconscia e della sintropia.

SINTROPIA ED ENTROPIA IN FISICA

Alla fine del XIX secolo i fisici si trovarono di fronte ad un paradosso. Secondo la fisica classica un corpo nero (che in fisica è il miglior emettitore possibile di radiazione termica) nello stato di equilibrio termico emetterà radiazioni con potenza infinita poiché questa si concentrerà tutta nella lunghezza d'onda dell'ultravioletto. Questa predizione fu chiamata catastrofe ultravioletta, ma fortunatamente non fu mai osservata. Il paradosso fu risolto il 14 dicembre 1900, quando Max Planck presentò un documento, presso la German Physical Society, secondo cui l'energia è quantizzata. Planck riteneva che l'energia non cresce o diminuisse in modo continuo, ma in base a multipli di un quanto fondamentale, che Planck definì come la frequenza del corpo (v) e una costante di base che ora è nota per essere uguale a 6.6262×10^{-34} joule secondi e che si chiama costante di Planck.

Planck descrisse le radiazioni termiche come composte da pacchetti (quanti), alcuni piccoli e altri più grandi in base alla frequenza del corpo. Al di sotto del livello del quanto, la radiazione termica scompare, evitando in questo modo la formazione di picchi infiniti di radiazione alla lunghezza d'onda dell'ultravioletto e risolvendo in questo modo il paradosso della catastrofe ultravioletta.

Il 14 dicembre 1900 è ora ricordato come la data di inizio della meccanica quantistica. La meccanica quantistica si occupa del comportamento del mondo microscopico a livello atomico.

- Onda/particella

L'esperimento della doppia fenditura fu ideato da Thomas Young, nel XVIII secolo, per mostrare che la luce si propaga come onda.

Nella presentazione dei suoi risultati alla Royal Society di Londra, il 24 novembre 1803, Young disse: *"L'esperimento che sto per esporre (...) può essere ripetuto con grande facilità, ogni volta che splende il sole."*

L'esperimento di Young era molto semplice: un raggio di luce passa attraverso una fenditura di un cartoncino (S1), poi attraversa due fenditure di un secondo cartoncino (S2), quindi termina su una superficie piatta bianca. Ciò che si osserva è un alternarsi di linee chiare e scure, che Young spiegò come conseguenza dell'interferenza tra le onde luminose. Le linee bianche si hanno quando l'interferenza è costruttiva e le onde luminose si sommano, mentre le linee scure si hanno quando l'interferenza è distruttiva e le onde non si sommano.

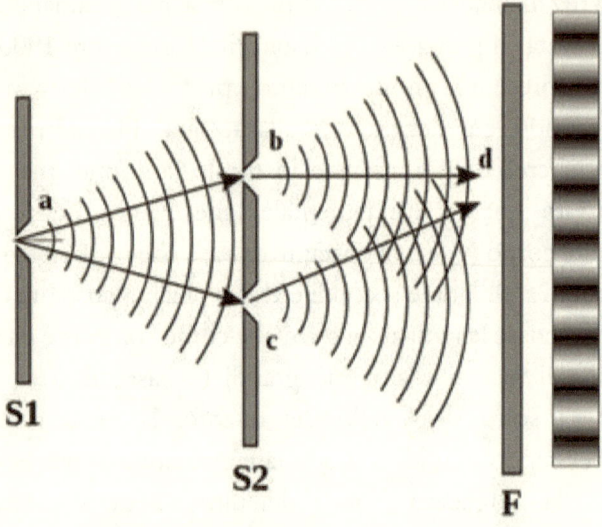

L'esperimento della doppia fenditura di Thomas Young

L'esperimento di Young fu generalmente accettato come dimostrazione del fatto che la luce si propaga come onde. Se la luce fosse stata fatta di particelle l'interferenza non si sarebbe manifestata, ma solo due punti di luce ben localizzati sarebbero stati osservati in associazione con le fenditure del secondo cartone. Invece, nell'esperimento la linea più luminosa si trova tra le due fenditure, in quella che ci si aspettava essere un'area scura. L'esperimento di Young dimostrava le proprietà ondulatorie della luce, finché la meccanica quantistica non iniziò a mostrare la duplice natura della materia: onde e particelle allo stesso tempo.

Nel 1905, Einstein risolse il paradosso dell'effetto fotoelettrico, descrivendo la luce come composta da particelle, piuttosto che da onde. Quando la luce o la radiazione elettromagnetica raggiungono un metallo, gli elettroni vengono emessi, questo è chiamato effetto fotoelettrico. Gli elettroni possono essere misurati e le misure mostrano che fino a quando non viene raggiunta una soglia specifica, il metallo non emette alcun elettrone; al di sopra della soglia vengono emessi elettroni e la loro energia rimane costante; l'energia degli elettroni aumenta solo se viene alzata la frequenza della luce. La teoria ondulatoria della luce non era in grado di spiegare:

- perché l'intensità della luce non aumenta l'energia dell'elettrone emesso dal metallo;
- perché la frequenza influisce sull'energia degli elettroni;
- perché gli elettroni non vengono emessi al di sotto di una soglia.

Einstein rispose a queste domande usando la costante di Planck e suggerendo che la luce, precedentemente considerata un'onda elettromagnetica, fosse composta da pacchetti di energia, particelle che ora sono chiamate fotoni. L'interpretazione di Einstein dell'effetto fotoelettrico trattava la luce come particelle, anziché onde, aprendo la strada alla dualità onda/particella.

La prova sperimentale dell'interpretazione di Einstein fu data nel 1915 da Robert Millikan che, per ironia, cercò per 10 anni di dimostrare che l'interpretazione di Einstein era sbagliata. Nei suoi esperimenti Millikan scoprì che tutte le teorie alternative non superavano la prova sperimentale, mentre solo quella di Einstein risultava corretta. Diversi anni dopo Millikan commentò:

> *"Ho passato dieci anni della mia vita a testare l'equazione di Einstein del 1905 e contrariamente a tutte le mie aspettative sono stato costretto nel 1915 ad affermare la sua inequivocabile verifica sperimentale nonostante la sua irragionevolezza dal momento che viola tutto ciò che sapevamo sull'interferenza della luce."*

L'esperimento di Young può ora essere eseguito usando singoli elettroni. Gli elettroni utilizzati in un esperimento a doppia fenditura producono un modello di interferenza e quindi si comportano come onde, ma al loro arrivo danno luogo a un punto di luce, comportandosi come particelle.

Gli elettroni viaggiano come onde e arrivano come particelle?

L'esperimento della doppia fenditura con gli elettroni:
a) 10 elettroni; b) 100; c) 3.000; d) 20.000; e) 70.000 elettroni.

Se gli elettroni fossero particelle, potremmo concludere che attraverserebbero una delle due fenditure. Tuttavia l'interferenza mostra che si comportano come onde che attraversano le due fessure contemporaneamente. Le entità quantistiche sembrano essere in grado di attraversare le due fenditure allo stesso tempo e sanno come contribuire al modello di interferenza. Se la materia fosse fatta solo di particelle, le entità quantistiche passerebbero attraverso una fenditura alla volta e nessuna interferenza sarebbe visibile. Se la materia fosse fatta solo di onde, sullo schermo non sarebbero visibili i punti degli elettroni, ma solo le linee di interferenza.

Richard Feynman[56], noto per i suoi contributi allo sviluppo dell'elettrodinamica quantistica, considerava la duplice natura della materia (onda/particella) il mistero centrale della meccanica quantistica:

> *"L'esperimento della doppia fenditura è un fenomeno che è impossibile, assolutamente impossibile, spiegare in modo classico e che ha in sé il cuore della meccanica quantistica."*[57]

---

[56] www.feynman.com
[57] Feynman R. (1949) *The Theory of Positrons*, Physical Review 76: 749.

- La duplice soluzione delle equazioni fondamentali

Nel 1924 Wolfgang Pauli, uno dei pionieri della meccanica quantistica, scoprì che gli elettroni hanno uno spin, un momento che non può mai essere uguale a zero e che si avvicina alla velocità della luce. Pertanto, quando si combinano meccanica quantistica e relatività è necessario utilizzare l'equazione estesa energia-momento-massa.

Nel 1925 i fisici Oskar Klein e Walter Gordon formularono un'equazione probabilistica che poteva essere usata nella meccanica quantistica ed era relativistica. L'equazione di Klein-Gordon utilizza una radice quadrata e ha due soluzioni. La soluzione a tempo positivo descrive onde che si propagano dal passato al futuro (onde ritardate), mentre la soluzione a tempo negativo descrive onde che si propagano all'indietro nel tempo, dal futuro al passato (onde anticipate).

Klein e Gordon hanno spiegato la doppia natura onda/particelle della materia come manifestazione dell'interazione tra la soluzione a tempo positivo (che è determinata) e la soluzione a tempo negativo (che è probabilistica). Questa interpretazione venne respinta da Heisenberg che nel 1927 formulò, insieme a Niels Bohr, l'interpretazione di Copenaghen della Meccanica Quantistica.

L'interpretazione di Copenaghen spiega i risultati dell'esperimento della doppia fenditura nel modo seguente: gli elettroni lasciano il cannone elettronico come particelle che si dissolvono in onde di probabilità in una sovrapposizione di stati attraversando entrambe le fessure e interferendo creano un nuovo stato di sovrapposizione. Lo schermo, eseguendo una misurazione, costringe le onde a collassare in particelle, in un punto ben definito dello schermo. Gli elettroni ricominciano a dissolversi in onde, subito dopo la misurazione.

Elementi essenziali dell'interpretazione di Copenaghen sono:

- Il *principio di indeterminazione* formulato da Heisenberg, secondo cui per un'entità quantistica non si possono conoscere allo stesso

tempo posizione e velocità.
- Il *principio di complementarità* che afferma che una singola entità quantistica può comportarsi come una particella o come un'onda, ma mai simultaneamente come entrambe; che una manifestazione maggiore della natura come particella porta ad una manifestazione minore della natura come onda e viceversa.
- L'*equazione d'onda di Schrödinger*, reinterpretata come probabilità che l'elettrone (o qualsiasi altra entità quantistica) venga trovato in un posto specifico.
- La *sovrapposizione di stati*, in base al quale tutte le onde sono sovrapposte finché non viene eseguita una misurazione.
- Il *collasso della funzione d'onda* che è causato dall'osservazione e dall'atto di misurare.

Secondo questa interpretazione, la coscienza, attraverso l'esercizio dell'osservazione, costringe l'onda a collassare in una particella, creando la realtà.

In questo modo, Heisenberg ha introdotto la nozione che la coscienza è un prerequisito della realtà. Questa interpretazione afferma che l'esistenza dell'elettrone in una delle due fenditure, indipendentemente dall'osservazione, non ha alcun significato. Gli elettroni sembrano esistere solo quando vengono osservati. La realtà è quindi creata dall'osservatore.

Nel 1927 Klein e Gordon formularono nuovamente la loro equazione come combinazione di Ψ, l'equazione delle onde di Schrödinger (meccanica quantistica), e l'equazione energia-momento-massa della relatività:

$$\Psi E = \Psi \sqrt[2]{p^2 + m^2}$$

Questa equazione utilizza una radice quadrata che porta sempre a due soluzioni: onde ritardate e onde anticipate.

Nel 1928 Paul Dirac, un fisico teorico inglese che apportò

contributi fondamentali allo sviluppo iniziale della meccanica quantistica, cercò di eliminare la soluzione anticipata delle onde applicando l'equazione energia-momento-massa allo studio degli elettroni relativistici. Si trovò di nuovo con una duplice soluzione: elettroni (e⁻) e neg-elettroni (e⁺, l'anti-particella dell'elettrone). L'equazione di Dirac predice un universo fatto di materia che si propaga avanti nel tempo e di antimateria che si propaga all'indietro nel tempo.

Dirac notò che:

"questa difficoltà era stata superata escludendo arbitrariamente quelle soluzioni che hanno un'energia negativa. Non si può fare questo nel mondo dei quanti."[58]

Dirac chiamò l'anti-particella dell'elettrone neg-elettrone, e nel 1932 fu osservato sperimentalmente da Carl Anderson, che lo ribattezzò *positrone*.[59] I positroni sono prodotti naturalmente in certi tipi di decadimento radioattivo e nel 1934 il matematico svizzero Ernst Stueckelberg e in seguito Richard Feynman, fornirono un formalismo in cui ogni linea di un diagramma rappresenta una particella che si propaga sia all'indietro che in avanti nel tempo. Questo formalismo è ora il metodo più diffuso per il calcolo dei campi quantistici e, poiché fu sviluppato per la prima volta da Ernst Stueckelberg, e acquisì la sua forma moderna nel lavoro di Feynman, è chiamata interpretazione Feynman-Stueckelberg delle antiparticelle.

- *Etere?*

L'equazione di Dirac del 1928 è coerente con la relatività speciale, è matematicamente ineccepibile e può spiegare praticamente tutto,

---

[58] Dirac P.A.M. (1928) *The Quantum Theory of the Electron*, Proc. Royal Society, London 117:610-624; 118:351-361.
[59] Anderson C.D. (1932), *The apparent existence of easily deflectable positives*, Science, 76:238 (1932).

poiché è la generalizzazione relativistica dell'equazione d'onda di Schrödinger, che era già ampiamente applicata.

Ma, oltre all'energia negativa e alla retrocausalità, richiede che ogni carica si presenti in coppie elettrone-positrone (chiamate "epos"). Gli esperimenti hanno sempre verificato la presenza degli epos e il fatto che il vuoto tra le particelle interagenti non è vuoto.

Sfortunatamente, nel 1928, questo mare di epos ricordava l'etere. Per decenni la guerra dell'etere aveva imperversato in ogni facoltà di fisica. E solo nel 1905 Einstein riuscì a porvi fine, provando che "*l'etere luminifero*", il supposto vettore della luce, non si osservava negli esperimenti ed era quindi inesistente. Per Heisenberg, ogni riferimento a una sostanza universale che riempie lo spazio assomigliava troppo all'etere. Era quindi turbato dall'equazione di Dirac e dagli stati di energia negativa illimitata.[60]

Dirac cercò di risolvere il conflitto con Heisenberg suggerendo che se tutti gli stati negativi e nessuno degli stati positivi fossero stati riempiti, le due energie non avrebbero potuto avere alcun effetto l'una sull'altra. Questa ipotesi fu chiamata "sottrazione d'ordine zero", e fu poi usata da Heisenberg per rimuovere dall'equazione di Dirac quelle parti che si riferiscono all'energia negativa.

Heisenberg poté così aggirare il "mare" di stati di energia negativa, sostituendo l'operatore che richiede un numero illimitato di epos con un operatore che crea magicamente gli epos dal nulla. Poiché gli epos devono essere presenti, l'operatore di Heisenberg li crea sul momento e quando scompaiono, vengono annientati. Usando la sottrazione di ordine zero, che forza tutti i risultati ad essere positivi, un oceano di energia negativa non esiste più e non ci sono più soluzioni a tempo negativo. In questo modo Heisenberg rese l'equazione di Dirac cieca alla soluzione ad energia negativa.

L'energia del punto zero del vuoto quantistico, è l'energia più bassa possibile che un sistema quantistico possa avere; è l'energia del suo stato fondamentale. Ma gli esperimenti mostrano fluttuazioni attorno a questa linea di base, che ora vengono chiamate fluttuazioni del punto

---

[60] Heisenberg W. (1934), Zeitschr. f. Phys., 90, 209.

zero. L'equazione di Dirac spiega queste fluttuazioni come particelle che emergono dal mare di energia negativa.

Secondo Heisenberg, ogni sistema fisico ha un'energia del punto zero superiore al minimo del suo potenziale e questo si traduce nella creazione di particelle anche allo zero assoluto.

L'operatore di Heisenberg richiede la creazione di un numero illimitato di epos senza il contributo di energia. Inoltre quando le particelle vengono annientate, l'epos svanisce senza lasciare traccia. Questa massiccia violazione del principio di conservazione dell'energia (prima legge della termodinamica) non infastidiva Heisenberg che usava il principio di indeterminazione per affermare che le epos sono virtuali piuttosto che reali. Quando vengono create le epos prendono in prestito una energia virtuale e quando si annientano, restituiscono questa energia virtuale al principio di indeterminazione. Per Heisenberg virtuale significava avere qualsiasi proprietà di cui abbiamo bisogno. In questo modo il numero illimitato di epos virtuali poteva violare la legge di conservazione dell'energia e la relatività e offrire una via di fuga dalla soluzione a tempo negativo e salvare così il paradigma dominante. Nel 1934 la scienza ha preso questa via di fuga:

> *"La scienza opera di continuo scelte. Una volta fatta una scelta gli scienziati tendono a unificarsi dietro questa scelta fino al punto da negare e infine dimenticare che c'è stata una scelta. I libri di testo descrivono la scienza come una marcia verso l'unico percorso della verità. Dal momento che viene dimenticato e negato che tali scelte sono state fatte, queste scelte vengono raramente riviste. Non solo non vi è alcuna disposizione, né incentivo, per una tale revisione, vi è anzi una pressione perché questa revisione non abbia luogo."*[61]

Oggi i fisici ignorano le soluzioni a tempo negativo delle due equazioni più usate e rispettate nella fisica moderna: l'equazione energia-momento-massa della relatività e l'equazione di Dirac.

Queste equazioni richiedono energia a tempo negativo e un numero

---

[61] Hotson D. (2002), *Dirac's Equation and the Sea of Negative Energy – part 1*, Infinite Energy, 2002, 43: 1-20.

illimitato di elettroni-positroni.

Gli esperimenti confermano la validità di queste due equazioni, ma l'obiezione di Heisenberg era sempre la stessa: *"L'energia negativa è impossibile, senza alcun significato fisico immaginabile."*

Dopo quasi un secolo, questa affermazione è generalmente accettata dai fisici, anche se l'elettrone creato ha sedici volte più energia del fotone che lo crea. Le teorie attuali affermano che questo eccesso di energia (sottoforma di momento angolare) è un attributo intrinseco delle particelle. Chiamarlo attributo intrinseco chiude la discussione e fornisce una giustificazione per una violazione del 1600% del principio di conservazione.

Per Heisenberg mettere la fisica nel business della creazione, violando la legge di conservazione dell'energia, era più accettabile della soluzione a tempo negativo e della retrocausalità.

Sembra che nella fisica delle particelle la conservazione dell'energia sia qualcosa da rispettare quando è in accordo con il modello, ma da buttare via quando si rivela non conveniente.

Ignorando queste massicce violazioni della conservazione dell'energia, l'idea che entità complesse, come elettroni e positroni, possano essere create dal nulla è oggi generalmente accettata. Ma l'energia non fornisce le informazioni necessarie per rendere queste piccole entità che chiamiamo elettrone e positrone altamente complesse.

Dal 1934 i fisici rifiutano la soluzione a tempo negativo delle equazioni fondamentali, anche se ciò mette la scienza nel campo della creazione, su un piano che rivaleggia con Dio e le religioni, e ha dato vita ad interpretazioni come la New Age che violano le leggi base della causalità e della conservazione dell'energia. Rifiutare le soluzioni a tempo negato è una negazione della scienza stessa. Ci si chiede adesso fino a che punto gli scienziati si spingeranno per rifiutare le soluzioni a tempo negativo. Di fronte a una scelta che implica un cambiamento di paradigma, sin dai tempi di Galileo gli scienziati scelgono ciò che salva il vecchio paradigma, anche andando contro le prove e le evidenze sperimentali.

L'equazione energia-momento-massa di Einstein, l'equazione di Dirac e le equazioni di Klein-Gordon richiedono la simmetria tra energia a tempo positivo e negativo: forze che divergono e forze che convergono.

L'equazione di Dirac descrive quantità illimitate e simmetriche di energia negativa e positiva. Quando ci si avvicina al punto zero l'energia negativa diventa predominante. A temperature molto basse si forma un condensato di Bose-Einstein (BEC). I BEC agiscono come singole unità piuttosto che come un insieme di molecole, permettendo stati in cui l'energia negativa (convergente e coerente) supera l'energia positiva (dissipativa e disordinata). I BEC nascono dalla supremazia dell'energia a tempo negativo su quella a tempo positivo. Sono sistemi energetici ordinati, governati da una singola funzione d'onda che viene distrutta dall'energia a tempo positivo.

L'energia del punto zero viene raggiunta non a 0 gradi Kelvin, ma leggermente al di sopra. Questo valore differisce a seconda delle diverse sostanze e alcune sostanze manifestano proprietà BEC a temperature molto più elevate. Al punto zero, invece di nessuna energia, c'è improvvisamente un diluvio di energia. Si tratta di vera energia, con effetti misurabili. Ciò che le applicazioni BEC mostrano è che il mare di energia negativa richiesto dall'equazione di Dirac deve esistere e diventa disponibile al punto zero. L'equazione di Dirac suggerisce che siamo circondati da un immenso condensato di Bose-Einstein, che consente effetti non locali, effetti che si propagano istantaneamente, indipendentemente dalla loro separazione spaziale. Se un elettrone viene inserito in un BEC emerge dall'altra parte istantaneamente, percorrendo la distanza ad una velocità superiore a quella della luce, questo è il fenomeno della superconduttività.

La teoria dell'etere elettromagnetico fu sviluppata da Hendrik Lorentz (1853-1928) tra il 1892 e il 1906, con la collaborazione di Poincaré, e si basava sulla teoria di Augustin-Jean Fresnel, sulle equazioni di Maxwell e sulla teoria elettronica di Rudolf Clausius. Lorentz introdusse una stretta separazione tra materia (elettroni) ed etere, dove l'etere è completamente immobile. Lorentz morì nel 1928, quando Dirac formulò la sua equazione. Se fosse vissuto più a lungo, avrebbe sicuramente riconosciuto la teoria dell'etere elettromagnetico nel mare di energia negativa. Con la sua influenza, avrebbe probabilmente limitato gli effetti devastanti delle posizioni di Heisenberg.

- *Non-località*

Nel suo secondo articolo su *"L'equazione di Dirac e il mare di energia negativa"*, Don Hotson afferma:

"L'equazione di Dirac spiega semplicemente, intuitivamente e chiaramente la dimensione del nucleo, la massa del nucleo, la forma molto particolare della forza nucleare forte, la forza nucleare forte e lo strano fatto che il protone e l'elettrone hanno cariche opposte esattamente della stessa forza. Nessun altro modello spiega queste particolarità."[62]

Tuttavia, il rifiuto dell'energia a tempo negativo ha reso le due teorie su cui poggia tutta la fisica moderna (la relatività e la meccanica quantistica) incompatibili, dal momento che quando sono unite emerge un universo di energia che fluisce a ritroso nel tempo.

L'interpretazione di Copenaghen presuppone che il collasso della funzione d'onda (il collasso dell'onda in una particella) avvenga nello stesso momento in tutti i punti dell'onda. Ciò richiede una propagazione istantanea di informazione che viola il limite della velocità della luce considerato da Einstein il limite massimo nella propagazione delle informazioni e della causalità. Einstein considerava la causalità locale e l'informazione poteva propagarsi solo a velocità inferiori o uguali alla velocità della luce, mai più veloce.

Partendo da questi presupposti, Einstein rifiutò l'idea che l'informazione relativa al collasso dell'onda potesse viaggiare più

---

[62] Hotson D. (2002), *Dirac's Equation and the Sea of Negative Energy – part 2*, Infinite Energy, 2002, 44: 1-24.

velocemente della luce e, nel 1934, formulò queste considerazioni nel paradosso EPR. Il paradosso EPR (dal nome delle iniziali di Einstein-Podolsky-Rosen) rimase senza risposta per più di 50 anni.

L'EPR è stato presentato come un esperimento concettuale, al fine di dimostrare l'assurdità dell'interpretazione di Copenaghen, sollevando una contraddizione logica. Secondo la scoperta di Pauli che gli elettroni hanno uno spin, e che in un'orbita solo due elettroni con spin opposti possono trovare posto (principio di esclusione di Pauli), l'interpretazione di Copenaghen conclude che coppie di elettroni che condividevano la stessa orbita, restano correlati (entangled). Se in una coppia di particelle correlate una, indipendentemente dalla distanza, inizia a ruotare in senso opposto l'altra cambia istantaneamente il suo verso di rotazione. Ciò viola il limite della velocità della luce nella propagazione delle informazioni.

Nessuno si aspettava che l'esperimento EPR potesse essere realmente eseguito. Ma, nel 1952 David Bohm suggerì di sostituire gli elettroni con i fotoni e nel 1964 John Bell dimostrò che il cambiamento introdotto da Bohm apriva la strada alla possibilità di un vero esperimento.

A quel tempo perfino Bell non credeva che l'esperimento potesse essere eseguito, ma 20 anni dopo diversi gruppi avevano sviluppato la precisione delle misurazioni richieste e nel 1982 Alain Aspect pubblicò i risultati di un esperimento che dimostrava che Einstein aveva torto e che la non località era reale.[63]

L'esperimento di Aspect misurava la polarizzazione dei fotoni. Gli atomi venivano forzati a produrre fotoni correlati, che andavano in direzioni opposte. Ogni fotone, di una coppia correlata, ha polarizzazione opposta.

L'interpretazione di Copenaghen prevede che quando la misurazione viene eseguita su un fotone determina istantaneamente lo stato del secondo fotone. Questo è ciò che Einstein chiamava *"un'azione fantasma a distanza"*.

---

[63] Aspect A. (1982) *Experimental Realization of Einstein-Podolsky-Rosen-Bohm Gedanken experiment*, Physical Review Letters, vol. 49, 91, 1982.

Aspect misurava la polarizzazione dei fotoni secondo un angolo che poteva regolare. Secondo la non-località, cambiare l'angolo con cui viene misurata la polarizzazione di un fotone cambia istantaneamente la misura effettuata sul secondo fotone correlato.

L'esperimento è stato condotto su serie di coppie di fotoni correlati. Il teorema di Bell affermava che se la località è vera, le misure di polarizzazione eseguite sui fotoni che si muovono attraverso il primo apparato, che poteva essere regolato cambiando l'angolo, dovrebbero sempre essere più alte delle misurazioni eseguite sulla seconda serie di fotoni correlati (teorema di disuguaglianza di Bell). Aspect ha ottenuto risultati opposti violando il teorema di Bell e mostrando così che la non-località è reale. Einstein perse così la competizione con la meccanica quantistica. L'esperimento di Aspect ha dimostrato che in natura le correlazioni istantanee sono reali e possibili.

Nel 1947 Oliver Costa de Beauregard, un fisico relativista e quantistico francese e filosofo della scienza, propose a Louis de Broglie la sua interpretazione del paradosso EPR che mette in discussione la nozione di tempo. Suggerì che l'esperimento di Aspect può essere spiegato dalla teoria della retrocausalità.[64] Secondo de Beauregard, quando la soluzione a tempo negativo viene presa in considerazione, meccanica quantistica e relatività diventano compatibili.

- *Retrocausalità*

Nel 1978 John Archibald Wheeler propose una variante dell'esperimento a doppia fenditura in cui i rivelatori potevano essere attivati dopo il passaggio del fotone attraverso le fenditure.

Quando, in un esperimento a doppia fenditura, viene utilizzato un rilevatore per misurare quale fenditura viene attraversata dal fotone, il disegno di interferenza scompare. Nell'esperimento a scelta ritardata, il rilevatore si trova tra le fenditure e lo schermo rilevatore.

L'interpretazione di Copenaghen dice che quando i rivelatori sono

---

[64] De Beauregard O. (1953) Comptes Rendus 236, 1632-1634;

attivati, il modello di interferenza scompare, costringendo le onde a collassare e i fotoni a passare attraverso le fessure come particelle. Ciò dovrebbe accadere anche se il rilevamento viene attivato dopo la transizione dei fotoni attraverso le fenditure. L'esperimento è diventato possibile grazie alla velocità dei computer, che possono scegliere casualmente quando attivare i rilevatori tra la doppia fenditura e lo schermo. I risultati mostrano che la scelta influisce sul modo in cui il fotone attraversa la fenditura (onda/particella) e che ciò opera a ritroso nel tempo.

I primi due esperimenti che hanno verificato questa ipotesi sono stati eseguiti in maniera indipendente negli anni '80 presso l'Università del Maryland e a Monaco di Baviera, in Germania e hanno dimostrato che la decisione di attivare i rivelatori influenza la natura dei fotoni.

Wheeler ha osservato che è possibile realizzare un esperimento a doppia fenditura usando la luce proveniente dai quasar e una galassia come lente gravitazionale. Questa luce genera un disegno di interferenza che mostra che la luce viaggia come onde. Ma se una misura venisse eseguita prima dello schermo rilevatore, il modello di interferenza si dissolverebbe e i fotoni passerebbero da onde a particelle.

In altre parole, la nostra scelta su come misurare la luce proveniente da un quasar influenzerebbe la natura della luce (particella/onda) emessa 10 miliardi di anni fa. Secondo Wheeler questo esperimento mostra che gli effetti retrocausali operano a livello quantistico.

Nel 1986 John Cramer[65], fisico della Washington State University, ha pubblicato l'interpretazione transazionale della meccanica quantistica. In questa interpretazione il formalismo della meccanica quantistica rimane lo stesso, ma cambia l'interpretazione.

Cramer fu ispirato dal modello assorbitore-emettitore sviluppato da Wheeler e Feynman[66] che utilizzava la duplice soluzione dell'equazione

---

[65] Cramer J.G. (1986) *The Transactional Interpretation of Quantum Mechanics*, Reviews of Modern Physics, Vol. 58: 647-688.
[66] Wheeler J. e Feynman R. (1945) *Interaction with the Absorber as the Mechanism of Radiation*, Review of Modern Physics (17).

di Maxwell. Come è noto, anche la generalizzazione dell'equazione d'onda di Schrödinger in un'equazione relativistica (equazione di Klein-Gordon) ha due soluzioni, una positiva che descrive le onde ritardate che si propagano in avanti nel tempo e una negativa che descrive le onde anticipate che si propagano indietro nel tempo. Questa duplice soluzione consente di spiegare in modo semplice la duplice natura della materia (onda/particella), la non-località e tutti gli altri misteri della meccanica quantistica e consente di unire la meccanica quantistica con la relatività.

L'interpretazione transazionale richiede che le onde possano davvero viaggiare all'indietro nel tempo. Questa affermazione è controintuitiva, poiché siamo abituati al fatto che le cause precedono sempre gli effetti.

È importante sottolineare che l'interpretazione transazionale tiene conto della relatività speciale, che descrive il tempo come una dimensione dello spazio, in modo totalmente diverso dalla nostra logica intuitiva. L'interpretazione di Copenaghen, invece, tratta il tempo in modo classico ed è per questo che ha bisogno di introdurre la coscienza, in modo mistico e con poteri di creazione, come mezzo per risolvere la duplice natura (onda/particella).

Cramer afferma che l'equazione probabilistica sviluppata da Max Born nel 1926 contiene un riferimento esplicito alla natura del tempo e alle due possibili soluzioni che descrivono le onde anticipate e ritardate.

Dal 1926, ogni volta che i fisici hanno usato l'equazione di Schrödinger per calcolare le probabilità quantistiche, hanno considerato la soluzione delle onde anticipate senza nemmeno rendersene conto.

La matematica di Cramer è esattamente la stessa dell'interpretazione di Copenaghen. La differenza sta unicamente nell'interpretazione che risolve tutti i misteri e gli enigmi della fisica quantistica, rendendola anche compatibile con i requisiti della relatività speciale. Questo miracolo si ottiene, tuttavia, al prezzo che l'onda quantistica possa effettivamente viaggiare all'indietro nel tempo. Questo è in netto contrasto con la logica comune che dice che le cause devono sempre precedere i loro effetti.

Nel libro "*La Strada verso la Realtà*" Roger Penrose sottolinea che di solito i fisici tendono a rifiutare come "non fisica" qualsiasi soluzione che contraddice la causalità classica, secondo la quale le cause precedono sempre gli effetti.[67] Di solito, qualsiasi soluzione che renda possibile inviare un segnale a ritroso nel tempo viene respinta.

Penrose ha scelto di rifiutare la soluzione a tempo negativo e afferma che questo rifiuto è conseguenza di una scelta soggettiva, verso la quale altri fisici hanno opinioni diverse.

Penrose dedica quasi 200 pagine del suo libro al paradosso della soluzione a tempo negativo dell'energia (E).

Secondo Penrose è importante che il valore di E sia sempre positivo perché i valori negativi di E portano a instabilità catastrofiche nel modello standard della fisica subatomica.

> "*Sfortunatamente nelle particelle relativistiche entrambe le soluzioni dell'equazione devono essere considerate come una possibilità, anche una non fisica energia negativa deve essere considerata come una possibilità. Questo non succede nelle particelle non relativistiche. In quest'ultimo caso, la quantità viene sempre definita come positiva e l'imbarazzante soluzione negativa non viene visualizzata.*"

Penrose aggiunge che la versione relativistica dell'equazione di Schrödinger non offre una procedura per escludere la soluzione negativa. Nel caso di una singola particella ciò non porta a nessun problema reale, tuttavia quando le particelle interagiscono, la funzione d'onda non può produrre solo la soluzione positiva. Ciò entra in conflitto con la causalità classica.

Per rimuovere l'imbarazzante soluzione negativa, Dirac ha suggerito di usare il principio di Pauli, secondo il quale due elettroni non possono condividere lo stesso stato, per suggerire che tutti gli stati di energia negativa sono occupati, impedendo così qualsiasi interazione

---

[67] Penrose R, *La strada che porta alla realtà*, www.amazon.it/dp/8817103004

tra stati positivi e negativi della materia. Questo oceano di energia negativa che occupa tutti gli stati positivi è chiamato mare di Dirac. Il modello standard si basa su questa ipotesi che Penrose descrive come semplicemente folle.

Anche se la fisica classica rifiuta la soluzione a tempo negativo e la possibilità della retrocausalità, molti scienziati hanno e stanno lavorando su questa ipotesi.

Un esempio è offerto dai diagrammi di Feynman di annichilimento degli elettroni-positroni, secondo i quali gli elettroni non vengono distrutti dal contatto con i positroni, ma rilasciano energia invertendo la direzione nel tempo e diventando positroni.

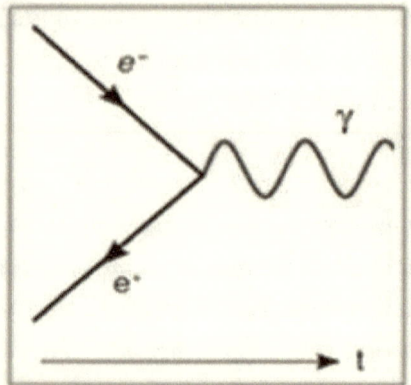

Nel diagramma le frecce a destra rappresentano gli elettroni, le frecce a sinistra rappresentano i positroni, le linee ondulate i fotoni.

Quando i diagrammi di Feynman vengono interpretati implicano necessariamente l'esistenza della retrocausalità.[68] Feynman ha usato il concetto di retrocausalità per produrre un modello dei positroni che reinterpreta l'ipotesi di Dirac del mare di energia negativa che occupa tutti gli stati possibili. In questo modello, gli elettroni che si muovono a ritroso nel tempo prendono cariche positive.[69]

---

[68] Feynman R. (1949) *The Theory of Positrons*, Physical Review 76: 749.
[69] Wheeler J. e Feynman R. (1945) *Interaction with the Absorber as the Mechanism of Radiation*, Review of Modern Physics (17).

Yoichiro Nambu[70] ha applicato il modello di Feynman ai processi di annichilimento delle coppie particella-antiparticella, giungendo alla conclusione che non è un processo di annichilimento o creazione di coppie di particelle e di antiparticelle, ma semplicemente un cambiamento della direzione temporale delle particelle, dal passato al futuro o dal futuro al passato.

Fino al XIX secolo, il tempo era considerato irreversibile, una sequenza di momenti assoluti. Nel 1954 il filosofo Michael Dummett mostrò che non vi è alcuna contraddizione filosofica nell'idea che gli effetti possano precedere le cause.[71]

Nel 2006 l'AIP (l'American Institute of Physics) ha organizzato una conferenza a San Diego in California dal titolo "*Frontiers of Time: Retrocausation - Experiment and Theory.*" Gli atti contengono oltre 20 contributi sulla retrocausalità.[72]

Nel novembre 2010, il presidente Barack Obama ha assegnato al fisico Yakir Aharonov la *National Medal of Science* per gli studi sperimentali che dimostrano che il presente è il risultato di cause che agiscono dal passato e dal futuro. Ciò suggerisce una radicale reinterpretazione del tempo e della causalità.[73]

- Cicli divergenti e convergenti

L'ipotesi entropia/sintropia implica che qualsiasi sistema, organico o inorganico, vibri tra i picchi di entropia e di sintropia acquisendo nel tempo risonanze specifiche.

---

[70] Nambu Y. (1950) *The Use of the Proper Time in Quantum Electrodynamics*, Progress in Theoretical Physics (5).
[71] Dummett M. (1954) *Can an Effect Precede its Cause*, Proceedings of the Aristotelian Society (Supp. 28);
[72] *AIP, American Institute of Physics, FRONTIERS OF TIME: Retrocausation - Experiment and Theory*, Proceedings:
http://scitation.aip.org/content/aip/proceeding/aipcp/863/
[73] Aharonov Y. (2005), *Quantum Paradoxes*, Whiley-VCH, Berlin, 2005.

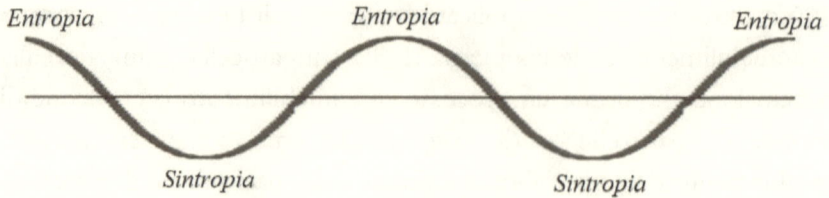

Queste vibrazioni possono essere osservate in qualsiasi sistema e a qualsiasi livello, dal livello quantistico, a quello macro e al livello cosmologico.

L'ipotesi entropia/sintropia sostiene il modello cosmologico di Einstein di infiniti cicli di Big Bang e di Big Crunch. La prima formulazione della teoria del Big Bang, di Lemaître, risale al 1927, ma fu generalmente accettata solo nel 1964, quando molti scienziati si convinsero che i dati sperimentali confermano che un evento come il Big Bang ha avuto luogo.

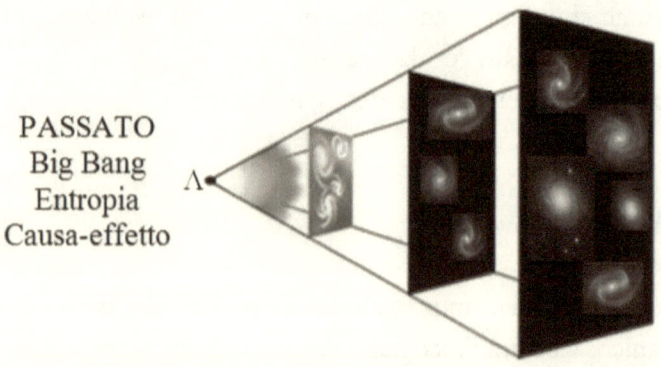

Georges Lemaître, sacerdote cattolico e fisico belga, sviluppò le equazioni del Big Bang e suggerì che l'allontanamento delle nebulose è dovuto all'espansione del cosmo.

Nel 1929 Edwin Hubble e Milton Humason notarono che la distanza delle galassie è proporzionale allo spostamento dello spettro della luce verso il rosso, verso le frequenze più basse della luce. Ciò accade solitamente quando la sorgente luminosa si allontana dall'osservatore o quando l'osservatore si allontana dalla sorgente.

Poiché il colore rosso è la frequenza più bassa della luce visibile, il fenomeno ha ricevuto il nome di red-shift, anche se è usato in connessione con qualsiasi frequenza, incluse le frequenze radio.

Il fenomeno dello spostamento verso il rosso indica che le galassie si stanno allontanando l'una dall'altra e, più in generale, che l'universo si trova in una fase di espansione. Inoltre, il red-shift mostra che le galassie e gli ammassi stellari si allontanano da un punto comune nello spazio: più sono distanti da questo punto, maggiore è la loro velocità.

Poiché la distanza tra gli ammassi di galassie è in aumento, è possibile dedurre, tornando indietro nel tempo, densità e temperatura sempre più elevate fino a raggiungere un punto in cui i valori massimi di densità e temperatura tendono verso valori infiniti e le leggi fisiche a tempo positivo delle equazioni non sono più valide.

In cosmologia, il Big Crunch è un'ipotesi sul destino dell'universo. Questa ipotesi è esattamente simmetrica al Big Bang e sostiene che l'universo smetterà di espandersi e inizierà a collassare su sé stesso.

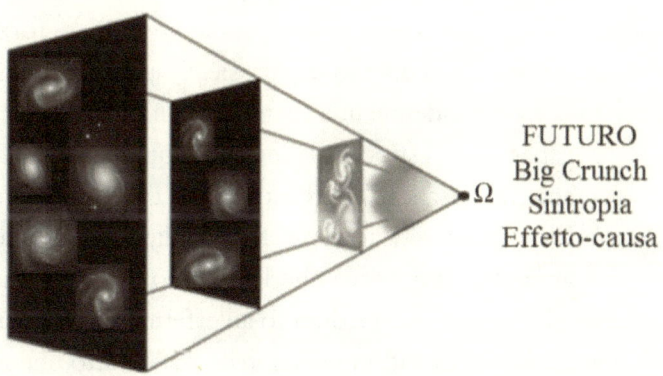

FUTURO
Big Crunch
Sintropia
Effetto-causa

Le forze gravitazionali impediranno all'universo di continuare ad espandersi e l'universo collasserà su sé stesso. La contrazione apparirà molto diversa dall'espansione. Mentre l'universo primordiale era altamente uniforme, un universo in contrazione sarà sempre più diversificato e complesso. Alla fine tutta la materia collasserà in buchi neri, che poi si uniranno creando un buco nero unificato o singolarità del Big Crunch.

La teoria del Big Crunch suggerisce che l'universo possa collassare nello stato in cui è iniziato e quindi avviare un altro Big Bang. In questo modo l'universo durerebbe per sempre attraversando cicli di espansione (Big Bang) e di contrazione (Big Crunch).

L'osservazione di supernove lontane, ha portato all'idea che l'espansione dell'universo non viene rallentata dalla gravità, ma piuttosto la sua espansione sta accelerando. Nel 1998 la misurazione della luce proveniente da supernove lontane (red-shift) ha portato alla conclusione che l'universo si sta espandendo ad un ritmo crescente. L'osservazione del red-shift delle supernove suggerisce che queste si allontanano più velocemente man mano che l'universo invecchia. Secondo queste osservazioni l'universo sembra espandersi ad un ritmo crescente, contraddicendo così l'ipotesi del Big Crunch.

Nel tentativo di spiegare queste osservazioni i fisici hanno introdotto l'idea di un'energia oscura, un fluido oscuro o energia fantasma. La proprietà più importante dell'energia oscura sarebbe quella di esercitare una pressione negativa distribuita in modo relativamente omogeneo nello spazio, una specie di forza anti-gravitazionale che sta allontanando le galassie. Questa misteriosa forza anti-gravitazionale è considerata una costante cosmologica, che porterà l'universo ad espandersi esponenzialmente. Tuttavia, fino ad oggi nessuno sa veramente cosa sia l'energia oscura o da dove provenga.

Al contrario, l'interpretazione della duplice soluzione delle equazioni fondamentali suggerisce che l'aumento osservato nel tasso di espansione dell'universo non è dovuto all'effetto dell'energia oscura o ad altre misteriose forze anti-gravitazionali, ma al fatto che il tempo sta rallentando.

Nel giugno 2012 il professori José Senovilla, Marc Mars e Raül Vera dell'Università di Bilbao e dell'Università di Salamanca hanno pubblicato un articolo sulla rivista Physical Review D in cui hanno liquidato l'energia oscura come inesistente, mostrando che l'accelerazione è un'illusione che è causata dal tempo che sta rallentando.

> *"Non diciamo che l'espansione dell'universo sia un'illusione, quello che diciamo è che l'accelerazione di questa espansione è un'illusione. [...] abbiamo ingenuamente mantenuto costante il tempo nelle nostre equazioni per ricavare i cambiamenti dell'espansione dell'universo, mostrando così un'accelerazione dell'espansione."*

Il corollario dell'equipe di Senovilla è che l'energia oscura non esiste e che siamo stati portati a pensare che l'espansione dell'universo stia accelerando, quando invece è il tempo che sta rallentando. A livello quotidiano, il cambiamento non è percepibile, ma è visibile nelle misurazioni su scala cosmica che seguono il corso dell'universo per miliardi di anni. Il cambiamento è infinitamente lento da una prospettiva umana, ma in termini cosmologici può essere facilmente misurato e influisce sulla luce proveniente da stelle esplose miliardi di anni fa. Attualmente, gli astronomi misurano la velocità di espansione dell'universo usando la cosiddetta tecnica del red-shift. Questa tecnica si basa però sull'assunto che il fluire del tempo nell'universo è costante.

Se il tempo rallenta si trasforma in una dimensione spaziale. Quindi le stelle più lontane e antiche sembrerebbero accelerare. *"I nostri calcoli mostrano che saremmo portati a pensare che l'espansione dell'universo sta accelerando"*, afferma il professor Senovilla. Sebbene radicale e senza precedenti, queste idee non sono prive di supporto. Gary Gibbons, un cosmologo dell'Università di Cambridge, afferma che: *"Crediamo che il tempo sia emerso con il Big Bang, e se il tempo può emergere, può anche sparire - questo è solo l'effetto opposto."*

Quando la doppia soluzione dell'equazione energia-momento-massa viene interpretata, si ottiene una rappresentazione cosmologica dell'universo che vibra tra picchi di espansione e di contrazione. Durante la fase di espansione il tempo scorre in avanti, mentre durante la fase contrazione il tempo scorre all'indietro.

La causalità e la retrocausalità interagiscono costantemente e l'universo è caratterizzato da infiniti cicli di espansione (Big Bang) e contrazione (Big Crunch).

Il Big Bang è governato dalla soluzione positiva e divergente dell'entropia, vale a dire energia e materia che divergono da un punto iniziale, mentre il Big Crunch è governato dalla soluzione convergente e negativa della sintropia, vale a dire energia e materia che convergono verso un punto finale di densità e temperature infinite.

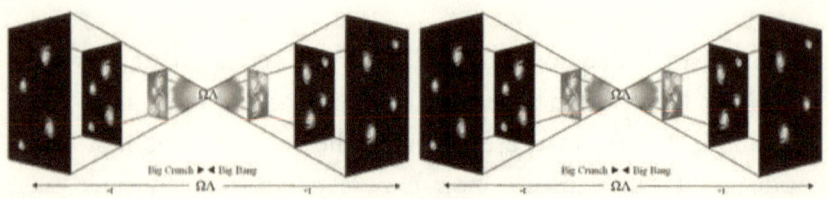

Cicli di Big Bang e Big Crunch

Il Big Bang è indicato con la prima lettera dell'alfabeto greco, Λ=Alpha (l'inizio), mentre con la lettera Ω=Omega (la fine) viene indicato il Big Crunch.

La domanda che si sente spesso tra i cosmologi è *"perché viviamo in un mondo prevalentemente fatto di materia. Cosa è successo all'antimateria?"* Questa domanda trova una facile risposta se prendiamo in considerazione la soluzione a tempo negativo. Al momento del Big Bang la quantità di materia e anti-materia era la stessa, ma l'antimateria diverge in avanti nel tempo, mentre la materia diverge indietro nel tempo, allontanandosi istantaneamente e prevenendo l'annichilimento.

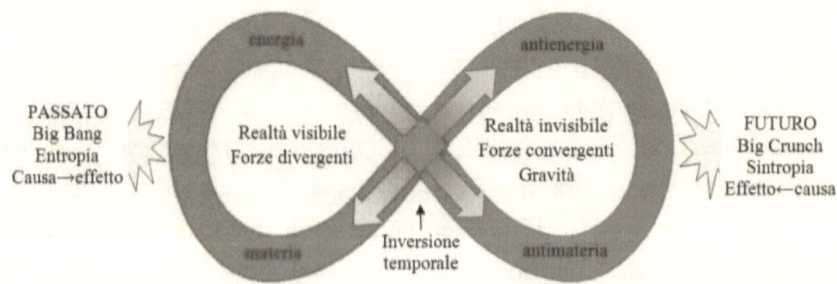

Secondo questa interpretazione, l'universo è composto da una quantità uguale di materia e di antimateria che divergono in direzioni temporali opposte. Questi due piani simmetrici interagiscono costantemente nella forma di una continua influenza tra forze divergenti e convergenti, causalità e retrocausalità, entropia e sintropia.

Tutto ciò che è divergente è governato dalla soluzione in avanti nel tempo, mentre tutto ciò che è convergente è governato dalla soluzione a ritroso nel tempo. Quindi il piano fisico e materiale interagisce continuamente con il piano non fisico e immateriale dell'antimateria che si sposta a ritroso nel tempo. La complessità intrinseca dell'universo fisico è una conseguenza dell'interazione tra materia ed energia con le forze coesive dell'anti-materia e dell'anti-energia.

- *Gravità*

Sperimentiamo continuamente la gravità, ma anche per le menti più brillanti della scienza la gravità rimane un mistero. Gli scienziati non sanno perché c'è la gravità.

Secondo l'ipotesi entropia/sintropia, la gravità è una forza che diverge a ritroso nel tempo. Ma, dal momento che noi andiamo in avanti nel tempo, questa da divergente diventa per noi una forza convergente.

Le equazioni mostrano che le forze che divergono in avanti non possono superare la velocità della luce, mentre le forze che divergono all'indietro nel tempo non possono mai propagarsi a velocità inferiori a quella della luce.

Di conseguenza, se l'ipotesi entropia/sintropia è corretta dovremmo osservare che la gravità si propaga ad una velocità istantanea. Ciò contraddice il modello standard della fisica delle particelle che afferma che la gravità è causata da particelle senza massa chiamate gravitoni che emanano campi gravitazionali. I gravitoni si attaccano ad ogni particella dell'universo e impediscono alla gravità di propagarsi a velocità superiori a quella della luce.

Possiamo eseguire degli esperimenti per misurare la velocità di propagazione della gravità al fine di verificare quale delle due ipotesi è quella vera?

La risposta è stata fornita da Tom van Flandern (1940-2009), un astronomo americano specializzato in meccanica celeste.

Van Flandern ha osservato che non si osserva alcuna aberrazione quando si misura la gravità e che ciò pone la propagazione della gravità ad una velocità superiore a 10^{10} la velocità della luce.[74]

Con la luce l'aberrazione è dovuta alla sua velocità limitata. La luce del Sole impiega circa 500 secondi per arrivare sulla Terra. Quindi, quando arriva, vediamo il Sole nella posizione in cui si trovava 500 secondi prima. Questa differenza equivale a circa 20 secondi di arco, una quantità notevole per gli astronomi. La luce del Sole colpisce la Terra da un angolo leggermente spostato e questo spostamento è chiamato aberrazione. L'aberrazione è dovuta interamente alla velocità limitata della luce.

Se la gravità si propagasse con una velocità finita ci aspetteremmo l'aberrazione gravitazionale. La gravità del Sole dovrebbe provenire dalla posizione occupata dal Sole quando la gravità ha lasciato il Sole.

Ma le osservazioni indicano che nulla di tutto ciò accade con la gravità! Non vi è alcun ritardo rilevabile nella propagazione della gravità dal Sole alla Terra. La direzione della forza gravitazionale del Sole è verso la sua posizione reale non verso una posizione precedente. La gravità non mostra aberrazione e ciò indica che si propaga con velocità infinita. Van Flandern nota che la gravità ha alcune proprietà importanti:

- Il suo effetto su di un corpo è indipendente dalla massa del corpo. Di conseguenza, corpi pesanti e leggeri cadono in un campo gravitazionale con la stessa accelerazione.
- Il campo della forza gravitazionale è infinito. Un campo infinito non è possibile quando le forze si propagano in avanti nel tempo.

---

[74] Van Flandern T. (1998), *The Speed of Gravity What the Experiments Say*, Physics Letters A 250:1-11. Van Flandern T. (1996), *Possible New Properties of Gravity*, Astrophysics and Space Science 244:249-261. Van Flandern T. and Vigier J.P. (1999), *The Speed of Gravity – Repeal of the Speed Limit*, Foundations of Physics 32:1031-1068.

- La sua velocità di propagazione è infinita e ciò può essere spiegato solo se accettiamo che la gravità è una forza che diverge a ritroso nel tempo.

Gli esperimenti di Van Flandern scartano l'ipotesi delle particelle senza massa chiamate gravitoni e supportano l'ipotesi formulata dal modello entropia/sintropia.

- Teorie Scientifiche

Nello sviluppo di una teoria scientifica, sei criteri sono considerati fondamentali.[75]

1. Semplicità: una teoria dovrebbe incarnare il minor numero possibile di "entità" (questo criterio è noto come "*Rasoio di Occam*").
2. Pochi o preferibilmente nessun parametro che viene aggiustato.
3. Dovrebbe essere matematicamente coerente.
4. Dovrebbe soddisfare tutte le osservazioni, comprese quelle non spiegate o anomale, o archiviate come "coincidenze" dalle teorie precedenti.
5. Dovrebbe obbedire alla causalità: ogni effetto dovrebbe avere una causa (in avanti o indietro nel tempo).
6. Dovrebbe essere falsificabile, e verificabile.

Il primo criterio noto come Rasoio di Occam è stato formulato da Guglielmo di Occam (1295-1349) e afferma (in latino) che "*Entia non sunt moltiplicheranda praeter necessitatem*": gli elementi non vengono moltiplicati se non è necessario farlo. In pratica, la tendenza delle leggi universali è quella dell'economia e della semplicità. La scienza dovrebbe quindi evolvere da modelli più complessi a modelli più

---

[75] Hotson D.L. (2002), *Dirac's Equation and the Sea of Negative Energy*, Infinite Energy, 43: 2002.

semplici e, in ogni dimostrazione, dovrebbe utilizzare il numero più basso possibile di entità, ad esempio:

- prima della chimica moderna si pensava che gli elementi chimici fossero infiniti;
- nel 1890 fu dimostrato che tutti gli elementi chimici derivano dalla combinazione di 92 atomi;
- negli anni '20 i 92 atomi nascevano dalla combinazione delle 3 particelle elementari (elettroni, protoni, neutroni) e da 4 forze. In questo modo la scienza passava da 92 atomi a 7 elementi;
- L'equazione energia-momento-massa riduce le entità a due: le forze divergenti e quelle convergenti.

Il criterio di Occam si basa sul fatto che l'universo mostra sempre una tendenza verso l'economia dei mezzi. Ad esempio, il DNA codifica le informazioni utilizzando 4 elementi, le 4 basi azotate. La teoria della complessità mostra che 3 elementi non sarebbero stati sufficienti, mentre 5 sarebbero stati ridondanti. Il DNA avrebbe potuto utilizzare un numero illimitato di elementi, ma solo 4 erano necessari e solo 4 sono stati utilizzati.

Allo stesso modo, per produrre materia stabile, erano necessarie solo 3 particelle: elettroni, protoni e neutroni, e di nuovo solo 3 particelle sono state utilizzate. La scienza dell'informazione mostra che è possibile generare qualsiasi tipo di complessità semplicemente partendo da due elementi: sì/no, vero/falso, 0/1, +/-. Sono necessari solo due elementi e poiché la tendenza all'economia dei mezzi è una legge fondamentale dell'organizzazione dell'universo, è plausibile che le sole forze divergenti e convergenti siano sufficienti a produrre tutta la complessità dell'universo.

Il secondo criterio implica che una teoria scientifica dovrebbe avere pochi o preferibilmente nessun parametro che viene aggiustato a posteriori. Il modello standard della fisica delle particelle richiede almeno diciannove parametri che devono essere inseriti a posteriori, tra cui la massa a riposo dell'elettrone che altrimenti risulta infinita. La maggior parte delle particelle del Modello Standard sono considerate prive di massa, come ad esempio i leptoni, i quark, i bosoni e i gluoni. Quando vengono inserite le masse, i valori delle equazioni tendono all'infinito. Un universo senza masse è tuttavia molto distante dal nostro universo, dove tutte le particelle pretendono ostinatamente di avere una massa! Aggiungere particelle "ad hoc" per spiegare ciò che è stato lasciato fuori dal modello è anche una violazione del secondo criterio. Un caso ben noto è il gluone che è stato aggiunto per giustificare il legame tra le diverse parti degli atomi. Il modello standard considera solo la soluzione in avanti nel tempo (divergente) e le forze coesive continuano a rimanere un mistero.

Strettamente correlato al secondo criterio, il terzo criterio richiede che nessuna equazione porti a risultati impossibili, come i valori che tendono all'infinito. Nel modello standard le divisioni che tendono all'infinito sono comuni e queste operazioni impossibili vengono risolte inserendo manualmente i dati noti. Quando i risultati del modello standard tendono all'infinito, i valori devono essere normalizzati, il che significa che devono essere inseriti manualmente. Ad esempio, molti valori come la massa a riposo dell'elettrone, tendono all'infinito. Tuttavia, dagli esperimenti sappiamo che la massa a riposo dell'elettrone è 0,511 MeV. Per eliminare il risultato impossibile, viene invocata la rinormalizzazione: il valore desiderato di 0,511 MeV viene semplicemente inserito manualmente. Ciò sarebbe impossibile se non disponessimo della risposta. Le equazioni perdono il loro potere predittivo quando richiedono la conoscenza a priori dei risultati, violando in questo modo anche il quarto criterio che richiede che i risultati del modello e dei dati empirici siano coerenti.

Il *quinto criterio* afferma che ogni effetto deve obbedire alla causalità (in avanti o indietro nel tempo). L'approccio standard rifiuta l'idea della retrocausalità e quindi non riesce a spiegare gli effetti "anomali" che si osservano nella meccanica quantistica, come la non-località, la dualità onda particella e la correlazione quantistica (entanglement). Con la soluzione a tempo negativo, tutte le misteriose proprietà della meccanica quantistica diventano conseguenze della duplice causalità passato/futuro. Ad esempio, l'energia che diverge a ritroso nel tempo deve propagarsi ad una velocità istantanea anche su spazi infiniti. L'esempio classico è dato dall'esperimento EPR. Le proprietà convergenti della soluzione a tempo negativo permettono di spiegare in modo logico e causale (anche se la causa si trova nel futuro) tutte le forze attrattive (come la gravità) che sono un mistero per il Modello Standard.

Il *sesto criterio* richiede ipotesi che possano essere verificate. Il rifiuto di Heisenberg della soluzione a tempo negativo ha portato a sviluppare un modello standard che non soddisfa il criterio fondamentale della verifica sperimentale. Si è costruito così un modello che non è in grado di correggersi, ma che aggiunge particelle ad hoc, come i gluoni e i gravitoni, per mettere pezze ad un modello contraddittorio.

Il rifiuto di Heisenberg della soluzione a tempo negativo ha portato all'irrigidimento del paradigma meccanicista e alla violazione sistematica dei requisiti di base della scienza.

- Neghentropia, sintropia ed informazione

Nello stesso anno in cui Fantappiè scoprì la legge della sintropia il fisico americano Robert Lindsay coniò il termine neghentropia che acquisì un certo livello di popolarità nel 1950, grazie al lavoro di Claude Shannon e l'equazione sulla trasmissione di informazioni che il fisico francese Léon Brillouin formulò nel 1956.

Brillouin produsse una formula per quantificare la propagazione dei segnali elettrici in un filo telegrafico e scoprì che la propagazione delle informazioni è in stretta correlazione con l'inverso dell'entropia. Brillouin giunse così alla conclusione che l'entropia misura la mancanza di informazioni di un sistema fisico e che il prezzo pagato con l'aumento dell'entropia è la riduzione dell'informazione, mentre l'aumento delle informazioni porta alla diminuzione dell'entropia.

Tuttavia la parola informazione può avere significati profondamente diversi:

1. Cartesio credeva che la natura potesse essere descritta usando semplici equazioni di moto, in cui solo lo spazio, la posizione e il momento erano rilevanti. *"Datemi posizione e movimento"*, disse, *"e costruirò l'universo."* Nella sua visione, un universo entropico richiede più informazioni (spazio, posizione e momento) per essere descritto e predetto. Al contrario, gli universi ben organizzati (sintropici) richiedono meno informazioni. I cristalli forniscono un esempio. Richiedono meno informazioni per essere descritti rispetto a ciò che è necessario per le stesse molecole quando si muovono liberamente nell'acqua. Questo esempio mostra che le informazioni aumentano con l'entropia.
2. La definizione di informazione di Norbert Wiener[76] è invece legata alla cibernetica e si basa su scelte e feedback. Nella definizione di Wiener la quantità definita come informazione è il negativo della quantità solitamente definita come entropia in situazioni simili. Il concetto di informazione di Wiener è legata alla gestione e al controllo.
3. Nella scienza relazionale (Analisi delle Variazioni Concomitanti)[77] le informazioni sono fornite dalle correlazioni. Ad esempio, un sistema ottiene il suo significato dalle correlazioni che ha con il contesto. La scienza classica considera solo le correlazioni causali. La scienza relazionale distingue tra causalità e retrocausalità, tra qualitativo e quantitativo e apre la strada allo studio della sintropia.
4. Quando le informazioni convergono in equazioni che consentono di descrivere, spiegare e prevedere un'ampia varietà di situazioni, come è il caso dell'equazione energia-momento-massa, troviamo identità tra informazione e sintropia.

La neghentropia viene spesso confusa con la sintropia e le persone arrivano alla conclusione che l'aumento delle informazioni corrisponde

---

[76] Wiener N. (1948), *Cybernetics or Control and Communication*.
[77] Di Corpo U. e Vannini A., *Analisi delle Variazioni Concomitanti*, https://www.amazon.it/dp/B07T8651S5

ad un aumento della sintropia.

Tuttavia, la neghentropia non tiene conto della soluzione a tempo negativo dell'energia, mentre la sintropia scaturisce dalla soluzione retrocausale a tempo negativo dell'energia.

In sintesi, l'informazione sintropica è finalizzata e orientata al futuro, mentre l'informazione neghentropica è fisica e meccanica (orientata al passato).

Questa differenza rende la sintropia e la neghentropia completamente diverse.

EPILOGO

La scienza si è sviluppata gradualmente ed è oggi significativamente diversa da ciò che era in origine. Guardando indietro, è possibile individuare almeno tre periodi che Henry H. Bauer ha splendidamente descritto in un articolo pubblicato nel Journal of Scientific Exploration.[78,79]

1. Il *primo periodo* era caratterizzato dalla ricerca della conoscenza autentica. I risultati venivano condivisi e i ricercatori cercavano di comprendere la natura. Questo primo periodo ha lasciato il segno nella visione contemporanea. Molte persone credono che la scienza moderna sia motivata dall'amore per la verità.
2. Nel *secondo periodo* la scienza si è trasformata in una professione. Nel 1833 William Whewell coniò la parola scienziato e nel tardo 19° secolo la Germania aprì la prima università di ricerca. In questo secondo periodo della scienza, fare grandi scoperte portava ad un elevato status sociale e si iniziarono a brevettare le scoperte. Tra la metà del XIX secolo e la metà del XX secolo, la scienza diventò una carriera allettante.
3. Il *terzo periodo* iniziò durante la seconda guerra mondiale quando la scienza diventò fonte di potere. La distinzione tra scienza pura, ricerca di base e scienza applicata scomparì. Gli scienziati erano finanziati dal grande capitale e l'interesse era il profitto e il potere, piuttosto che la comprensione della realtà. Dal XVII secolo alla metà del XX secolo la scienza raddoppiava ogni 15 anni per numero di articoli pubblicati, riviste scientifiche e persone che potevano essere definite scienziati. Alla fine della seconda guerra mondiale, le nazioni dedicavano più del 2% del loro PIL (prodotto

---

[78] Bauer H. (2013), *Three stages of modern science*, Journal of Scientific Exploration, 2013:27, 505-13.
[79] Bauer H. (2014), *The Science Bubble*, EdgeScience #17, February 2014, http://www.scientificexploration.org/edgescience/

interno lordo) alla scienza. La scienza aveva raggiunto il suo limite di crescita e non poteva continuare ancora a crescere in modo esponenziale.[80]

Questa nuova situazione portò a:

- *Nessuna condivisione gratuita.* Gli scienziati che ricercano il profitto hanno reso la condivisione delle informazioni una rarità.[81] Si fa gran uso del segreto e spesso nelle pubblicazioni vengono inserite informazioni errate, in modo che gli altri non possano trarre vantaggio dalla conoscenza dei dettagli del lavoro.[82]
- *Frode.* Le frodi e la disonestà sono diventate endemiche nella scienza.[83] Nel 1989, la National Academies of Science (NAS) ha pubblicato un opuscolo intitolato *On Being a Scientist*, nel 1995 ha aggiunto il sottotitolo *A Guide to Responsible Conduct in Research*. Nello stesso periodo, il National Institutes of Health (NIH) ha istituito un ufficio per l'integrità della ricerca[84], che troppo spesso commina sanzioni a istituti e scienziati che sono giudicati disonesti nelle loro ricerche. Il primo ottobre del 2012, *The Guardian* ha pubblicato l'articolo *"Aumentano di dieci volte le ricerche scientifiche ritirate per frode. Lo studio di 2.047 articoli su PubMed rileva che due terzi degli articoli sono stati ritirati per scarsa competenza scientifica."*[85] La percentuale di ricerche scientifiche che è stata ritirata a causa di frodi è decuplicata in dieci anni. Uno studio, pubblicato sugli Atti

---

[80] Bauer H. (2012), *Dogmatism in Science and Medicine: How Dominant Theories Monopolize Research and Stifle the Search for Truth*, McFarland, 2012

[81] Mirowski P. (2011), *Science-Mart: Privatizing American Science*, Harvard University Press.

[82] Hazen R.M. (1988), *The Breakthrough: The Race for the Superconductor*, Summit Books / Simon & Schuster.

[83] Broad W. and Wade N. (1982), *Betrayers of the Truth: Fraud and Deceit in the Halls of Science*, Simon & Schuster, 1982.

[84] http://ori.hhs.gov/

[85] www.theguardian.com/science/2012/oct/01/tenfold-increase-science-paper-retracted-fraud

dell'Accademia Nazionale delle Scienze (PNAS)[86] rileva che più di due terzi delle ricerche biomediche sono state ritirate per cattiva condotta da parte dei ricercatori, piuttosto che per errore. Un articolo simile è stato pubblicato il 5 ottobre 2012 sull'editoriale del New York Times, intitolato *"Frode nella letteratura scientifica."*[87] Una possibile spiegazione è che troppi aspiranti ricercatori competono per risorse inadeguate, sotto la pressione del profitto e dei a brevetti.[88]

- *Dogmatismo*. L'assoluta necessità di garantire flussi ininterrotti di finanziamenti genera un'enorme pressione. Impegnarsi in progetti il cui finanziamento è certo significa limitare la scienza a ciò che chi ha il potere dei soldi vuole. Inoltre, anche se i risultati sono negativi, i forti finanziamenti impediscono di riconoscere il risultato negativo favorendo così una tendenza al dogmatismo. Le teorie dominanti monopolizzano la ricerca, soffocano la conoscenza della verità e hanno trasformato la scienza in una dottrina dogmatica.[89]

---

[86] www.pnas.org/content/109/42/17028
[87] www.nytimes.com/2012/10/06/opinion/fraud-in-the-scientific-literature.html?_r=0
[88] Freeland Judson H. (2004), *The Great Betrayal: Fraud In Science*; Etchells P. and Gage S. (2012), *Scientific fraud is rife: it's time to stand up for good science. The way we fund and publish science encourages fraud*, The Guardian, 2 November 2012.
[89] Bauer H. (2007), *Dogmatism in Science and Medicine: How Dominant Theories Monopolize Research and Stifle the Search for Truth*, Amazon Kindle, ASIN B008AHNIGS.

NOTE